Stefan Kaspar

Funktionelle (Myo-)fasziale Dysbalancen im Tennissport

Entstehung – Behandlung – Prävention

Kaspar, Stefan: Funktionelle (Myo-)fasziale Dysbalancen im Tennissport. Entstehung – Behandlung – Prävention, Hamburg, Bachelor + Master Publishing 2021
Originaltitel der Abschlussarbeit: Funktionelle (Myo-)fasziale Dysbalancen im Tennissport Entstehung – Behandlung – Prävention

Buch-ISBN: 978-3-95993-095-6
PDF-eBook-ISBN: 978-3-95993-595-1
Druck/Herstellung: Bachelor + Master Publishing, Hamburg, 2021
Zugl. Karl-Franzens-Universität, Graz, Österreich, Bachelorarbeit, 2017

Bibliografische Information der Deutschen Nationalbibliothek:
Die Deutsche Nationalbibliothek verzeichnet diese Publikation in der Deutschen Nationalbibliografie; detaillierte bibliografische Daten sind im Internet über http://dnb.d-nb.de abrufbar.

Hermannstal 119k, 22119 Hamburg
http://www.bachelor-master-publishing.de, Hamburg 2021
Printed in Germany

Inhaltsverzeichnis

1. Einleitung 9

2. Faszien 12

2.1 Physiologie der Faszie 13

2.2 Struktur und Anatomie der Muskelfaszie 18

2.3 Wie Muskeln und Faszien zusammenarbeiten 20

3. Faszien in Sport und Bewegung 23

3.1 Biotensegrity 23

3.2 Vorspannung und elastische Energiespeicherung 25

3.3 Die Anatomischen Zuglinien 26

3.4 Grundlagen des Fasziendistorsionsmodells 33

4. Tennis 35

4.1 Beanspruchungsprofil im modernen Tennis 35

4.2 Faszien und deren Wirkung auf die verschiedenen Leistungskomponenten des Beanspruchungsprofils im Tennis 41

4.3 Die Anatomischen Zuglinien und deren Funktionalität im Tennissport 43

5. Myofasziale Verletzungen im Tennissport 48

5.1 Allgemein 48

5.2 Obere Extremitäten 48

5.2.1 Schultergelenk 48

5.2.2 Arme 49

5.3 Untere Extremitäten 50

5.3.1 Patellaspitzen- Syndrom 50

5.3.2 Achillessehne und Plantarfaszie 50

6. Das Training der Faszien als Prävention im Tennissport 51

6.1 Functional Myofascial Training 51

6.2 Eigenschaften des Functional Myofscial Trainings 51

6.3 Die 4 Prinzipien 52

6.4 Ablauf und Dosierung des Trainings 53

7 Ausblick und Fazit 55

8 Literaturverzeichnis 56

Abbildungsverzeichnis

Abbildung 1: Faszienstruktur des Skelettmuskels 19
Abbildung 2: Aufbau von Fasziengewebe und dessen Bestandteile 20
Abbildung 3: Muskeln wird statische Haltearbeit abverlangt wenn Körpersegmente aus ihrer ursprünglichen Position herausgezogen werden. 21
Abbildung 4: Klassische Struktur und Verhaltensweise eines Tensegritymodells 24
Abbildung 5: Oberflächliche Rückenlinie von ventral, dorsal und posterior. 26
Abbildung 6: Oberflächliche Frontallinie von ventral, dorsal und posterior. 27
Abbildung 7: Laterallinie von ventral, dorsal und posterior. 28
Abbildung 8: Spirallinie von ventral, dorsal und posterior. 29
Abbildung 9: Die Armlinien von ventral und dorsal. 30
Abbildung 10: Die funktionelle Rückenlinie (A), Funktionelle Frontallinie (B), Ipsilaterale Funktionelle Linie (C). 31
Abbildung 11: Tiefe Frontallinie von ventral, dorsal, und posterior. 32
Abbildung 12: Leistungsstruktur mit wichtigen Leistungskomponenten und deren Wechselwirkung im Tennissport. 36
Abbildung 13: Verschiedene Spielsituationen und deren Voraussetzungen bezüglich Schnelligkeit. 38
Abbildung 14: Novak Djokovic mit weitem lateralem Ausfallschritt zur Vorhand. 40
Abbildung 15: Bewertungsskala der verschiedenen Muskelparameter in Bezug auf Tennis. . 41
Abbildung 16: Die Funktionellen Frontallinien und Oberflächlichen Frontalen Armlinien sowie die Lateral- und Spirallinien bei verschiedenen Schlägen (Aufschlag, Vorhand, Rückhand). 44
Abbildung 17: Aufschlag und beanspruchte Muskulatur. 45
Abbildung 18: Rückhand in der Aushol- und Schlagphase mit beteiligter Muskulatur. 47
Abbildung 19: Lokalisation des Tennisarms. 49
Abbildung 20: Ablauf und Dosierung des Trainings für unterschiedliche Leistungsklassen. . 54

Abkürzungsverzeichnis

Abb.	Abbildung
bzw.	beziehungsweise
ca.	zirka
etc.	et cetera
EZM	Extrazellulärmatrix
GAG	Glukosaminoglykane
p.	page
pp.	pages
PG	Proteoglykane
RH	Rückhand
ROM	range of motion
S.	Seite
sog.	sogenannt
TUT	time under tension
usw.	und so weiter
vgl.	vergleicht man
z.B.	zum Beispiel

1. Einleitung

Zu Beginn dieser Arbeit möchte der Autor den Titel etwas näher erläutern.

Der Begriff „funktionell“ beschreibt einen Zustand der Wirksamkeit infolge aufeinander abgestimmter in sich greifender Abläufe oder Funktionen die schließlich zu Erfolg oder einem Ziel führen sollen.

Das Adjektiv „myofaszial“ besteht, wie in der Überschrift schon bildlich dargestellt aus zwei Wörtern. Der erste Abschnitt des Wortes, nämlich „myo“ beschreibt den Wortteil mit der Bedeutung Muskel. Weitere Beispiele wie die Myotonie (vermehrte Muskelspannung oder ein Sammelbegriff für verschiedene Muskelerkrankungen), Myofibrille (Bau- und Funktionseinheit der Muskelfasern der quergestreiften Muskulatur) an dieser Stelle zu verweisen. Der zweite Teil des Wortes lautet „faszial“. Das Wort Faszie ist aus der heutigen medizinischen und insbesondere sportwissenschaftlichen Nomenklatur nicht mehr wegzudenken. Sobald man über Muskeln redet wird auch sofort auf das früher missachtete Fasziennetzwerk verwiesen.
Die Forschung zum Thema Faszien gewann erst in den letzten Jahren zunehmend an Bedeutung. In der medizinischen Forschung lange vernachlässigt, waren es vor allem Therapiebereiche wie die Massage, die Akupunktur, die Chiropraktik oder die Osteopathie, welche den Faszien schon länger eine zentrale Rolle zuschrieben (Schleip, Findley, Chaitow & Huijing, 2014, S. V).

In den folgenden Zeilen möchte der Autor natürlich auch noch einen kleinen Einblick in das zweite Thema der Arbeit gewähren; nämlich die Welt des Tennissports.

Tennis gehört wie Badminton, Tischtennis oder Squash zu der sportartspezifischen Gruppe der Rückschlagspiele. Es wird auf verschiedenen Bodenbelägen wie Teppich, Sandplatzt, „Hardcourt“ und Rasen, im Sommer sowie auch im Winter in Hallen oder an warmen Teilen der Erde auch in dieser Jahresszeit im freien praktiziert.

Kaum eine andere Sportart besitzt eine vergleichbare Komplexität an Anforderungen. Neben extrem hohen motorisch- koordinativen und technisch- taktischen Grundvoraussetzungen werden den Spielern auf allen Leistungsniveaus, aber insbesondere in der Weltspitze, auch besondere athletische und psychische Fähigkeiten abverlangt (Ferrauti A., 2014, S. 10). Tennis kann man sein Leben lang spielen, und das Ziel der meisten ist es, ihr Spiel kontinuierlich und verletzungsfrei zu verbessern, egal, ob sie Freizeitspieler sind, Amateurturniere bestreiten oder professionell spielen. Der beste Weg führt über ein zielgerichtetes Training und die richtige Technik, mit der man effektiv und effizient schlägt (Kovacs M. S., 2012, S. 1). Durch regelmäßiges sportliches Training und die damit einhergehende körperliche Belastung bzw. Überlastung kann es in der Muskulatur zu kleinen Traumata kommen, welche über die daraus entstehenden Entzündungen zu muskulären Dysfunktionen und damit zu Schmerzen und verminderter Leistungsfähigkeit führen können. Um diesen Kreislauf zu unterbrechen, werden schon seit Jahrzehnten die verschiedensten Massagetechniken angewandt, um Regeneration und Leistung von Spitzensportlern zu optimieren (Healey K. C., 2014, S. 61-68).

Der Autor konnte bei Turnierreisen, Mannschaftsbetreuungen, Trainingslagern im Ausland bei Fortbildungen auf anderen Sportstätten und beim Ausüben des eigenen Trainings auf verschiedensten Sportanlagen beobachten, dass Faszien und Faszientraining nun auch in der Fitness- und Gesundheitsbranche hoch im Kurs stehen. Faszienrollen gehören bereits zum Standardequipment der meisten Hobbysportler, Sportfanatiker, Fitnessstudios, Sportwissenschaftler und Physiotherapeuten welche diese mittlerweile auch bei der Behandlung ihrer Patienten nutzen. Doch nicht nur im Bereich des Freizeit- und Gesundheitssport boomen die Rollen aus Schaumstoff, auch Spitzensportler aus allen Bereichen werden immer öfter beim „Rollen" gesichtet.

Ziel dieser Arbeit wird es sein, einen groben Überblick über die drei gerade kurz beschriebenen zentralen Themen Faszien, Tennis und deren Wechselbeziehung in Form der Auswirkung auf das Gesamtsystem zu geben.

Doch wie kann dieses neu generierte Wissen über die Faszien genutzt werden? Seit Jahrzehnten schon verwenden Physiotherapeuten verschiedenste Massagetechniken, um die Regeneration und Leistung von Sportlern durch Lockerung des Muskelgewebes zu verbessern. Auch im Bereich der Rehabilitation werden Massagen oft ergänzend in Therapien angewandt, um z. B. Fehlhaltungen und daraus resultierende Schmerzen (wie etwa Spannungskopfschmerzen) zu behandeln. Mittels der Faszienrolle soll es nun möglich sein, den sogenannten Myofascial Release selbst herbeizuführen, dadurch muskulären Dysfunktionen vorzubeugen und positiv auf die sportliche Leistungsfähigkeit einzuwirken.

Für die vorliegende Arbeit ergeben sich daher folgende Fragestellungen: Wie wird der Begriff Faszien definiert? Was sind Muskelfaszien, wie sind sie aufgebaut und welche Aufgaben erfüllen sie? Welche Verletzungen treten im Bereich der Faszien bei Tennisspielern auf und wie kann diesen durch Faszientraining oder der regelmäßigen Massage mit der Rolle vorgebeugt werden? Was versteht man unter Training mit der Faszienrolle und kann dieses die sportliche Leistungsfähigkeit in Bezug auf Tennis verbessern bzw. einen positiven Beitrag zur Regeneration leisten? Auf was muss man im Tennistraining achten um nicht in eine zu starke myofasziale Dysbalance zu verfallen oder Folgeschädigungen nicht mehr ausgeschlossen werden können? Welche typischen Tennisverletzungen haben faszialen Ursprung oder Zusammenhang?

Im Hinblick auf das vorliegende Manuskript handelt es sich um eine hermeneutische Arbeit, was so viel heißt als dass die vorliegende Bachelorarbeit auf der Recherche und Analyse von Literatur basiert und anhand dieser erstellt wurde. Es wurde in den Datenbanken von PubMed, Google Scholar, Ebsco, sowie über die Bibliothek der Karl-Franzens-Universität Graz (unikat) nach aktuellen Zeitschriftenartikeln, Büchern und Beiträgen in Sammelbänden gesucht, um die Forschungsfragen beantworten zu können. Des Weiteren flossen auch die Erfahrungen des Autors in Form von Aus- und Fortbildungen im Bereich der Faszien, Athletik und des Tennistrainings sowie eigene Bücher in die vorliegende Arbeit ein.

2. Faszien

Jeder Medizinstudent weiß es und jeder Arzt erinnert sich: Im anatomischen Präparierkurs sind Faszien das „weiße Zeug außen herum", das man zunächst einmal ab präparieren muss, um „überhaupt etwas sehen" zu können. Im lebenden Körper überträgt der Muskel beispielsweise selten seine gesamte Kontraktions- oder Zugkraft direkt über die Sehne auf den Knochen, wie man es nach den Lehrbuchzeichnungen vermuten würde. Vielmehr wird ein großer Teil der Kraft auf das Fasziengewebe verteilt, das sie dann an synergetische, aber auch antagonistische Muskeln überträgt. Auf diese Weise wird nicht nur das vom Muskel übersprungene Gelenk versteift, sondern es werden unter Umständen auch Bereiche beeinflusst, die mehrere Gelenke weit entfernt liegen. Muskeln sind keine funktionell abgeschlossene Einheit – auch wenn diese Vorstellung noch so verbreitet ist. Vielmehr werden die meisten Muskelbewegungen durch eine Vielzahl einzelner motorischer Einheiten generiert, die über bestimmte Bereiche eines Muskels sowie über andere Bereiche anderer Muskeln verteilt sind. Die Zugkräfte dieser motorischen Einheiten werden auf ein komplexes Netz aus Faszienmembranen, -strängen und -taschen übertragen und so in eine Körperbewegung umgesetzt. (Schleip, 2014, S. V)

Grundsätzlich kann man sagen, dass das fasziale Gewebe alles (nahezu ausschließlich craniocaudal), einschließlich innerer Organstrukturen im menschlichen Körper verbindet und gleichzeitig unterteilt. Die Faszie sorgt also für die Unterteilung im gesamten Körper, sie sorgt für Stabilität, gibt uns die individuelle Form des Körpers und unterstützt uns gleichzeitig in der Beweglichkeit und Posturologie (Buschmann B., 2015, S. 7).
Speziell die Faszien des Bewegungsapparates bilden nach neuen Erkenntnissen ein durchgängies Netzwerk, das über lange Ketten Körperteile und und Extremitäten miteinander verbindet und mechanischen Kräften unterliegt. Es werden aber auch Nervenimpulse und Reize innerhalb dieses Netzwerkes weitergegeben, sodass Verletzungen, Vernarbungen oder Veränderungen im Körper sich über die faszialen Verbindungen auf andere Organe und Körperebenen auswirken können. Auch Bindegewebe, das nicht Teil des Bewegungsapparates ist, sondern um Organe herum liegt oder unter der Haut das Gewebe polstert, fungiert als Reizweiterleitungssystem und Netzwerk, da unzählige Nervenenden und Sensoren darin verlaufen, deren Reize ans Gehirn weitergeleitet werden. Gerade wegen dieser vielen Sensoren gelten Faszien als eines unserer reichhaltigsten Sinnesorgane des Körpers (Schleip R., 2016, S. 53).

Die Faszie verteilt Spannungen über fasziale Ketten und wirkt maßgeblich bei der Kraftübertragung- und Weiterleitung, demnach kann sie durch pathologische Fehlspannungen Schmerzmuster im gesamten Körper verteilen und ist somit Auslöser für Schmerzen. Unter anderem beeinflusst sie die sportliche Leistungsfähigkeit in hohem Maße, da sie sich unabhängig von der Muskulatur kontrahieren kann und befähigt ist, in der Vordehnung Energie zu speichern (Buschmann B., 2015, S. 8).

In den folgenden Unterkapiteln wird genauer auf die physiologischen Grundlagen, die biomechanischen Funktionsweisen und die funktionellen anatomischen Zuglinien und deren Interaktion im gesamten Fasziennetzwerk des Körpers bei bestimmten Bewegungen und Belastungen wie auch Fehlbelastungen und deren Folgen eingegangen. Desweiteren werden für den Autor augenscheinliche präventive Maßnahmen gegen die dadurch entstehenden Dysbalancen vorgestellt und begründet.

2.1 Physiologie der Faszie

Die Faszie besteht hauptsächlich aus Kollagen und Wasser (in gesunder Matrix primär gebundenes Wasser). Trotz ihrer starken, straffen und dadurch belastbaren Eigenschaft ist sie zudem extrem elastisch. Außerdem haben Krämer und Buschmann in ihrer Recherche herausgefunden, dass der springende Punkt nicht nur die Elastizität der Faszie betrifft, sondern auch die viskoelastischen Eigenschaften. Das bedeutet dass das fasziale Gewebe trotz starker Deformation durch seine Elastizität und Zähflüssigkeit in seine Ausgangslage zurückkehren kann. (Buschmann B., 2015, S. 4).

Man kann die Faszien in 4 verschiedene Hauptbestandteile unterteilen:

- Zellen: Mastzellen, Plasmazellen, Lymphozyten, (Myo-) Fibroblasten etc.
- Wasser: fungiert als Austauschmedium gebunden und ungebunden zu je 50%
- Fasern: Kollagen (versteift die Faszien), Elastin (stößt Wasser ab), Reticulin
- Grundsubstanz: Proteoglykane, Hyaluronsäure, Keratin, Fibronectin, Heparin, Chondroitin, Glykosaminoglykane

Als Reaktion auf die in verschiedenen Richtungen wirkenden Spannungen und Verformungen bilden die Kollagenfasern Netze, die sich ebenfalls in verschiedene Richtungen verschieben und entfalten könnnen, welche die Grundlage die charakteristische Beweglickeit und Verschieblichkeit dieser Gewebe bilden. (Huijing, 2014, S. 110)
Unter pathologischen Bedingungen können sich zusätliche Verbindungen (Crosslinks) zwischen den verwobenen Kollagenfasern des Netzwerks bilden. Diese hindern das Gewebe an der normalen für das Gewebe nötigen Beweglickeit und können zu Kapselschrumpfung oder Muskelverkürzung führen (Aekson et al. 1973, 1977, 1987, 1992, Grodizinsky 1983, Videman 1987, Brennan 1989, Currier und Nelson 1992).

Zellen

Zellen machen daher nur einen geringen Anteil am Volumen des Fasziengewebes aus und spielen als Modulatoren der Faszienarchitektur und –steifigkeit dennoch eine wichtige Rolle. Unter den verschiedenen Zelltypen der Faszie dominiert die Zellinie der Fibroblasten welche als Reinigungskräfte und Reperaturhandwerker für die Extrazellulärmatrix fungieren. Fibroblasten produzieren die Basis der meisten Komponenten der Extrazellurlärmatrix (mit der wichtigen Ausnahme des dort reichlich vorhandenen Wassers) und szenerieren Vorstufen für Enzyme wie Kollagenasen, die beim Wiederabbau des Gewebes helfen. Darüberhinaus übernehmen sie wichtige Funktionen bei der Reperatur von Gewebeverletzungen. Normalerweise sind nur wenige Immunzellen (z.B. Makrophagen), einige Mastzellen und sporadische Lymphozyten in der Faszie anzutreffen. Mastzellen enthalten histamin- und heparinreiche Granula, die für Entzündungsprozesse wichtig sind, weil die aktivierten Mastzellen die Granula rasch in die Grundsubstanz entleeren, sodass die Immunreaktion aktiviert und die Durchblutung vertärkt wird. Von den meisten Menschen werden Fettzellen nicht gerade sehr geschätzt, dennoch kann man ihnen eine wichtige Funktion im Fasziengewebe nachsagen. Adipozyten sind nicht nur eine wichtigie Östrogenquelle, sondern produzieren auch verschiedene Peptide und Zytokine, durch die sie Einfluss auf die Appetitregulation, die Insulin- und Blutzuckeregulation, die Anigiogenese, die Blugerinnung und die damit verbundene Vasokonstriktion nehmen. Blut- und Lymphgefäßzellen sowie Nervenzellen gehören zu den Zellpopulationen der Faszie (auch wenn die entsprechenden Blut- und Lymphgefäße sowie Nervenbahnen sehr klein sind). (Schleip, 2014, S. 115)

Wie schnell besagte Stoffe und Nährstoffe zu den Zielzellen gelangen, wird bestimmt von:

- der Dichte der fibrösen Matrix und
- der Viskosität der Grundsubstanz.

Sind die Fasern zu dicht oder die Grundsubstanz, welche gleich besprochen wird zu stark dehydriert und viskös, werden diese abgelegenen Zellen weniger gründlich mit Nährstoffen und Wasser versorgt. Das grundlegende Anliegen der Manuellen- und Bewegungstherapie ist es beide Elemente des Interstititialraums zu „öffnen“, um den freien Fluss der Nährstoffe und Abfallprodukte zu bzw. von den Zellen zu gewährleisten. (Myers, 3. Auflage, 2015, S. 31)

Wasser

Der menschliche Körper besteht zu etwa 60- 70% aus Wasser; davon sind etwa 70% extrazellulär und 30% intrazellulär. Der Körper verwendet das Wasser als Transport- und Lösungsmittel. Außerdem setzt es die Reibung herab und wirkt als Wärmepuffer. Aus der Anatomie und Physiologie ist bekannt, dass Wasser in Form von Synovia als Gleitmittel zwischen den Gelenkflächen dient um Reibung und Bewegungswiederstände zu eliminieren. Durch die Abnahme an Perfusion z.B. wenn ein reflektorisch erhöhter Sympathikotonus bei Schmerzen auftritt, nimmt die Sekretion der Faszienflüssigkeit ab, welches sich anhand von Einschränkungen der Range of Motion (ROM) oder vermehrten Bewegungswiderstand zeigt. (Schleip, 2014, S. 124)

Fasern

Im Prinzip kann man die Fasern der Faszien in 2 Gruppen einteilen. Nämlich in die etwas steifere Form von Fasern; den sogenannten Kollagenfasern und in die Gruppe der elastischen Fasern einteilen.

Kollagenfasern bilden sich dadurch, dass sich Fibrillen, z.B. im Typ-1- und Typ-3-Kollagen, spiralig untereinander winden. In Sehnen und Ligamenten sind auch diese Fasern spiralig miteinander verbunden und bilden Faserbündel. Schleip stellte außerdem fest, dass sich diese Fasern unter Zug ineinander drehen und dadurch fester werden. Auf diese Weise erreicht das Kollagen eine enorme Zugfestigkeit, die mit 500- 1000kg/m^2 sogar die Zugfestigkeit von Stahl übertrifft. Die dreidimensionale Anordnung der Kollagenmoleküle, aus denen Fibrillen und Fasern aufgebaut sind, orientiert sich an der vorherrschenden Beanspruchung des Gewebes. Jede Verformung im Gewebe verursacht elektrische Spannungsänderungen. Die Moleküle verwenden diese piezoelektrische Aktivität zur Organisation der Gewebsarchitektur. Wenn das Gewebe immer wieder auf die gleiche Art belastet wird, richten sich die Kollagenfasern entlang der resultierenden Kraftlinien aus. Sie verlaufen daher alle parallel. In diesem Fall spricht man von parallelfaserigem oder geformten straffem Bindegewebe welches unterandere-rem in Sehnen, Ligamenten und Aponeurosen vorkommt. Wenn das Gewebe immer wieder aus unterschiedlichen Richtungen belastet wird, entsteht eher ein gitterartiges Maschengeflecht – das sogenannte geflechtartige oder ungeformte straffe Bindegewebe, das in Gelenkkapseln und Faszien sowie im intraneuralen und intramuskulären Bindegewebe zu finden ist (Huijing, 2014, S. 122) .

Elastische Fasern hingegen finden sich vor allem im lockeren Bindegewebe, im elastischen Knorpel (Ohrmuschel, Nasenspitze), in den Gefäßwänden, der Haut sowie in Ligamenten und Sehnen. Einige Bänder, wie zum Beispiel das Ligamentum flavum an der Wirbelsäule, sind sogar fast ausschließlich aus elastischen Fasern aufgebaut und erhalten durch das Elastin, eine gelbliche Substanz, die in elastischen Fasern in großer Menge vorkommt, eine typische gelbe Färbung. Elastin ist ein Strukturprotein und enthält die gleichen Aminosäuren wie Kollagen. Man unterscheidet zwischen alpha- Elastin, das aus etwa 27 Peptidketten mit je etwa 35 Aminosäuren besteht, und dem beta- Elastin, das nur zwei Peptidketten mit je 27 Aminosäuren enthält. Nur 10 Prozent der Peptidketten haben eine Helixstruktur. Die Bruchfestigkeit elastischer Fasern liegt bei etwa 300 N/cm² (Huijing, 2014, S. 122).

Grundsubstanz

Die Grundsubstanz besteht aus Glukosaminoglykanen (GAG) und Proteoglykanen (PG) sowie PG-Aggregaten. GAG kommt nicht nur im Extrazellulärraum, sondern auch im intrazellulär vor. PG und PG-Aggregate verbinden Zellen, kollagene und elastische Fasern und binden Wasser (Huijing, 2014, S. 122).

Des Weiteren kann man die Grundsubstanz als wässriges Gel bezeichnen, welches sich aus Hyaluronsäure, Keratin, Laminin, Fibronektin, Heparin und Chondroitinsulfat zusammensetzt und Teil des Umfeldes fast jeder lebenden Zelle ist. Sie ist Bestandteil der immunologischen Barriere, da sie die Verbreitung von Bakterien verhindert. Einerseits sorgen Proteoglykane die von den Mastzellen und Fibroblasten gebildet werden für ein hochvariables Bindemittel das die Zellen zusammenhält, ihnen aber andererseits auch die Freiheit lässt, unzählige lebensnotwendige Substanzen diffundieren zu lassen, und somit die Grundlage für einen gelungen interstitiellen Nährstoffaustausch zu schaffen. Beispiele für größere Ansammlungen von

Grundsubstanz sind zum Beispiel die Synovialflüssigkeit der Gelenke und das Kammerwasser im Auge. Kleinere Mengen sind dagegen in allen Geweben aufzufinden (Myers, 3. Auflage, 2015, S. 17- 18).

Die Grundsubstanz befindet sich zwischen den verflochtenen Kollagenfasern, und das darin gebundene Wasser ermöglicht es den Fasern sich reibungsfrei gegeneinander zu verschieben. Bei krankhaften Prozessen, insbesondere bei einem Verlust von Grundsubstanz, rücken die Kollagenfasern näher zusammen und bilden sogenannte Crosslinks aus. Durch solche pathologischen Querverbindungen entstehen am Patienten oder Klienten Bewegungseinschränkungen welche auch von Schmerz begleitet werden können (Huijing, 2014, S. 122).

Auf diese durch Faszien verursachten körperlichen Problematiken wird in den folgenden Kapiteln noch näher eingegangen. Desweiteren wird auch auf tennisspezifische Problematiken im Faszienbereich eingehen.

Rezeptoren

Des Weiteren kann man behaupten, dass in den Faszien die meisten unserer Rezeptoren sitzen, welche vier Arten von Nervenendungen beinhalten und somit für die vermuteten ökonomischen, besser koordinierten und sensomotorischen Leistungen in Bewegungsabläufen verantwortlich sein zu scheinen. Die vier Hauptakteure der Nervenendungen nennen sich wie folgt:

- Golgi- Rezeptoren:

ist ein Spannungsrezeptor der häufig in Sehnen-Muskel-Übergängen und Sehnenplatten zu finden ist. Er misst schnelle Tonussteigerungen der Muskulatur und kann somit auf eine schnelle Dehnung durch efferente Signale mit Tonussenkung reagieren. Außerdem werden Golgi- Rezeptoren nur auf nachweisliche muskuläre Aktivität aktiviert.

- Vater- Pacini- Rezeptoren:

Die Lage dieser Rezeptoren ähnelt der der Golgi- Rezeptoren. Sie sind aber besonders in Muskelfaszien und Ligamenten zu finden. Vater- Pacini- Rezeptoren reagieren sensibel auf raschen Druckwechsel und Vibrationen mit propriozeptiver Antwort. Deswegen spricht man sie auch in der Therapie besonders gut durch hohe Geschwindigkeiten an.

- Ruffini- Rezeptoren:

Findet man in Geweben die häufigen Dehnungen ausgesetzt sind, sowie ebenfalls in Kapselschichten und Ligamenten peripherer Gelenke. Sie reagieren auf Tangentialverschiebungen. Es kommt bei Aktivierung zu einer reduzierten Sympathikusaktivität und kann somit eine Stressreduktion im Gewebe bewirken. Sie reagieren wiederum auf langsame Reize, die mit Querdehnung und/oder Drucktechniken bzw. Scherkräften einhergehen.

- Interstitielle Rezeptoren:

Sie können Nozi-, Chemo- oder Thermorezeptoren, als auch multimodal sein. Am häufigsten kommen sie im Periost und den großen Faszien vor. Bei Stimulierung kommt es zu einer Vasodilatation und vermutlich auch zu einer Plasma- Extravasation (Plasma- Austritt in die Grundsubstanz), sprich eine bessere Fließeigenschaft des behandelten Gewebes durch erhöhten Wassergehalt vor Ort.

Diese Rezeptoren geben jedem Menschen sein individuelles Bewegungsgefühl durch afferente Signale und führen bei Schwächen oder pathologischen Verlust zu fehlender Sensomotorik, somit auch zu Koordinationsmangel. Ebenso wichtig sind diese Rezeptoren für die Bewegung. Denn hierüber können verklebte oder unbewegliche Faszien mit ihren Sinnesmeldern wieder zur Normalform zurückfinden. (Buschmann B., 2015, S. 5-6).

2.2 Struktur und Anatomie der Muskelfaszie

Unter dem Begriff „Muskelfaszie“ wird das gesamte Bindegewebe am und im Muskel zusammengefasst. Die einzelnen Muskelfasern und Faserbündel werden laut alter Literatur von den Muskelfaszien, welche als „Schläuche“ oder „Hüllen“ bezeichnet werden umschlossen. Aus neueren Untersuchungen geht aber hervor, dass die Muskelfaszie eine kontinuierliche, dreidimensionale Matrix ist, die das gesamte Organ durchzieht und die Fasern und Faserbündel viel eher miteinander verbindet, als gegeneinander abgrenzt (Schleip, 2014, S. 4). Aus der Anatomie ist bekannt, dass jeder Muskel noch vor den Myofibrillen in 3 Teile unterteilt wird:

- Epimysium:

diese äußere Bindegewebsschicht setzt sich nahtlos in den Sehnen und Bändern fort, die den Muskel mit den Knochen verbinden und ihn zum Beispiel bei Krafttraining über die Sehnen mit Nährstoffen versorgen, welche zur Prävention von Osteoporose beitragen.

Faserbündel:
Tausende von Fasern bilden dichte Bündel, welche aus den nur im Mikroskop ersichtlichen Myofibrillen bestehen. Die Myofibrillen sind die kleinste Funktionseinheit der Muskeln.

- Perymysium:

ein kontinuierliches Bindegewebsnetz, das den Muskel in einzelne Faserbündel (Faszikel) unterteilt. In den Außenbereichen des Muskels geht dieses perimyisale Netz in das Epimysium und in die Sehnen über. Diese Strukturen sind auch mechanisch miteinander verbunden.

- Endomysium:

es formt ein kontinuierliches Bindegewebsnetz aus Logen für die einzelnen Muskelfasern innerhalb jedes Faserbündels bzw. Faszikels.

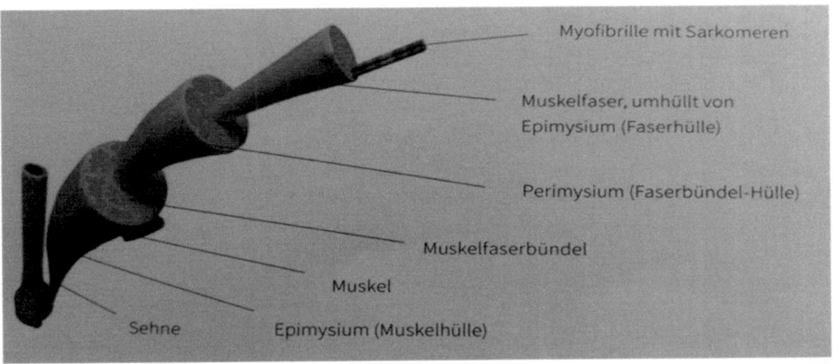

Abbildung 1: Faszienstruktur des Skelettmuskels
Quelle: Faszienkrafttraining 2016, S41

Allgemein kann behauptet werden, dass all diese Bindegewebsschichten aus den oben schon beschriebenen Kollagenfasern, sowie manchmal auch mitunter aus einigen Elastinfasern die in einer amorphen Grundsubstanz aus hydrierten Proteoglykanen liegen bestehen (Schleip, 2014).

Desweiteren will der Autor nun einen kleinen Einblick in die Bestandteile von weiterem Fasziengewebe geben.

Das Bindegewebe der Faszien besteht im Prinzip aus zwei Elementen: Zellen und extrazellulärer Matrix. Die meisten Zellen sind Fibroblasten, welche für den Aufbau und Erhalt der umgebenden Matrix sorgen. Der Hauptanteil an Fasern besteht aus Kollagenfasern und zu geringem Anteil an Elastin. Grundsubstanz und extrazelluläre Matrix werden oft fälschlicherweise als Synonym verwendet. Das Netz aus Kollagenfasern ist jedoch ein wichtiger Bestandteil der Matrix. Mit Ausnahme des Wassers (das durch die kleinen Arteriolen in den Faszien hinausgepresst wird) werden die meisten Bestandteile von den Fibroblasten in den Faszien hergestellt, umgebaut oder erhalten. Diese Zellen reagieren auf mechanische und biochemische Reize. Zu den biochemischen Reizen, zählen zum Beispiel die Wirkung von Entzündungszytokinen, Hormonen sowie die Veränderung des pH- Werts der mit einer Azidität der Grundsubstanz einhergeht (Schleip R. , 2015, S. 17)

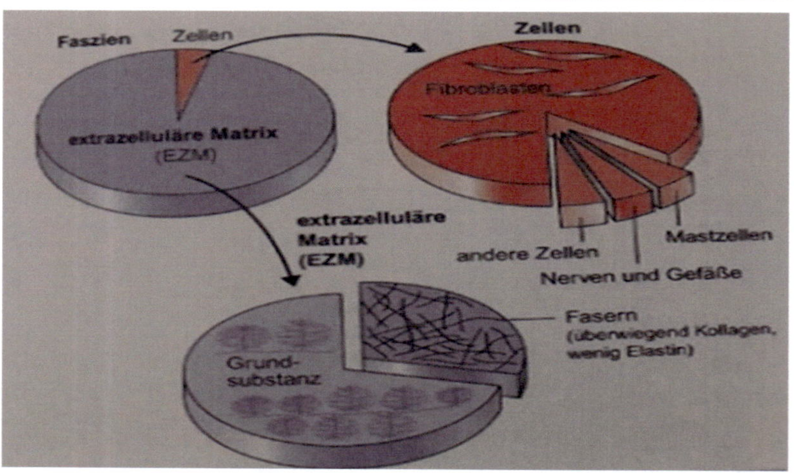

Abbildung 2: Aufbau von Fasziengewebe und dessen Bestandteile

Quelle: fascialnet.com

2.3 Wie Muskeln und Faszien zusammenarbeiten

Aufbauend auf Kapitel 2.2 will der Autor nun auf die funktionellen und biomechanischen Zusammenhänge des faszialen Gewebes und dessen Partner – den Muskeln – eingehen. Um dem Leser einen ersten hilfreichen Eindruck in die Mechanik und das Wechselspiel der zwei Protagonisten Faszien und Muskeln zu geben möchte der Autor zu Beginn Tom Myers zitieren welcher in seinem Buch „Anatomy Trains“ behauptet: „Tatsächlich gibt es nur einen Muskel, der in 600 oder mehr faszialen Taschen herumlungert.“ (Myers, 2. Auflage, 2010) Außerdem muss darauf hingewiesen werden, dass Muskeln elastisch und Faszien plastisch sind. Die Aussage bezieht sich auf die Dehnfähigkeit der zwei Systeme. Während Muskeln darauf ausgelegt sind abwechselnd zu kontrahieren und zu entspannen verändert die Faszie ihre Länge und behält diese bei richtiger Dehnung auch bei. Richtige Dehnung meint damit keine ruckartigen und reißenden Bewegungsabläufe, sondern langsame und fließende Bewegungen. Es kommt dabei zu einer plastischen Deformation: Die Faszie verändert ihre Länge und behält diese auch bei. Wird ein Muskel hingegen gedehnt, versucht er sich auf seine ursprüngliche Ruhelänge zusammenzuziehen (Myers, 3. Auflage, 2015, S. 24).

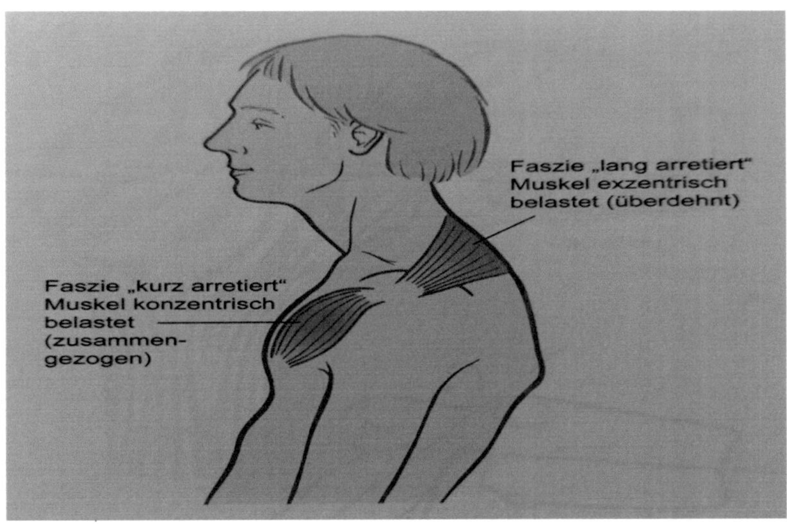

Abbildung 3: Muskeln wird statische Haltearbeit abverlangt wenn Körpersegmente aus ihrer ursprünglichen Position herausgezogen werden.

Quelle: Myers T., 2015, S. 24

Entweder sind Muskeln verkürzt angespannt („kurz arretiert") oder in der Dehnung angespannt („lang arretiert"). Es kommt dabei zu einer verstärkten Fixierung der Faszien und einer Thixotropie der umgebenden Extrazellulärmatrix (EZM).

Eigentlich sind Muskeln darauf ausgelegt, sich abwechselnd anzuspannen und zu entspannen. Die Muskeln aus Abbildung 2 jedoch stehen unter dauernder Spannung, welche sie ihres vollen Spielraums beraubt und so die Entwicklung von Triggerpunkten fördert (Myers, 3. Auflage, 2015, S. 24).

Mann kann also festhalten, dass Muskeln und Faszien eine Einheit sind. Die Faszienhüllen rund um die Muskeln und Muskelfaserbündel haben dabei über die Grundfunktion hinaus drei sehr spezielle Aufgaben. Sie sorgen nämlich für die Gleitfähigkeit zwischen Muskeln, sodass Muskelfaserbündel gegeneinander verschiebbar sind, sie speichern einerseits Kraft und andererseits übertragen sie auch Kräfte. Jeder Muskel ist mit dem Skelett über Sehnen und anderem faszialen Gewebe verbunden. Die soeben erwähnten Sehnen haben einen geringen Wasseranteil, bestehen aus festem Kollagen und zählen somit zum straffen Fasziengewebe. Der Übergang von Knochen und Sehnen verläuft fließend über Knorpeln zu Sehnen und von dort in den Muskel hinein, ebenfalls über spezialisiertes Bindegewebe im Übergang von Sehnen und Muskeln. Die meisten Muskelfasern enden in solchem Übergangsgewebe oder in faszialen Hüllen. Damit entsteht ein Kontinuum von faszialen Elementen, die die mechanische Kraft des Muskels weitergeben und für einen perfekten Kraftschluss sorgen. Neben den Sehnen und den Periosten, an denen diese befestigt sind, sind daran besonders die Epimysien beteiligt, welche direkt mit einstrahlenden Sehnenenden verbunden sind (Schleip R., 2016, S. 70).

Schleip beschreibt dieses funktionelle Kontinuum als myofasziale Einheit welche an ein- und zweigelenkige Muskelfasern sowie Faszienstrukturen, Knochen, Nervenendigungen und Gelenksabschnitten an Bewegungen eines Körpersegments in eine bestimmte Richtung beteiligt sind. Diese funktionelle Einheit besteht aus 3 interagierenden Elementen:

1. Das Kraft ausübenden Element – parallel verlaufende Muskelfasern
2. Das koordinierende Element – die Faszie
3. Die wahrnehmenden Elemente – die Nerven, Gelenkskapseln und Ligamente

Das wichtigste Merkmal dabei ist die Anwesenheit von eingelenkigen sowie auch zweigelenkigen Muskelfasern (Huijing, 2014, S. 251).

3. Faszien in Sport und Bewegung

Andreas Vesalius (†1564) war Mitbegründer der heutigen Anatomie und stellte 1548, sprich vor 400 Jahren das „Konzept des Muskels“ auf, welches unser Verständnis von Bewegung bis heute sehr stark prägt. Man betrachtete Bewegung als ein Zusammenspiel von physischen Kräften des umgebenden Raums wie Schwerkraft, Trägheit, Reibung und Impuls etc. – sowie die Kraft die von etwa 650 benannten Muskeln in exzentrischer, konzentrischer oder statischer Kontraktion über Gelenke hinweg erzeugt wird (Schleip R. , 2015, S. 57).

Die Elastizität großer Bindegewebsstrukturen wie Sehnen verändert die Auffassung von Kraftübertragung und Effizienter Bewegung. Außerdem sind die Muskeln mit angrenzenden Bändern verbunden und wirken auf diese. An das in Kapitel 2 beschriebene Epimysium, schließen zudem Nerven und Nerven- Gefäß- Bündel an, die das Muskelgewebe mit Informationen und Nährstoffen versorgen (Schleip R. , 2015, S. 57).

Ein weiteres Zentrales Thema der Faszien in Bewegung in Bezug auf die nervale Innervation spielt auch die innere Körperwahrnehmung, welche unausweichlich mit den Faszien zusammenhängt. Die in Kapitel 2 beschriebenen verschiedenen Rezeptoren in den Faszien sind für die Interozeption und Propriozeption sowie für das Gespür von Lage- und Winkelveränderungen, Gleichgewicht, Koordination und Schmerz verantwortlich, welches über das Zentralnervensystem an das Gehirn weitergeleitet wird. Muskeln und Nerven sind also auf diese Sensoren und das körperweite Leitbahnensystem der Faszien angewiesen, um reibungslos zu funktionieren und Reize weiterleiten zu können. Außerdem kann man behaupten, dass die reibungslose Funktion der soeben erwähnten Strukturen von fundamentaler Wichtigkeit bei funktionellen Bewegungen und für die Beseitigung von Störungen in diesem System sind (Schleip R., 2016, S. 33).

3.1 Biotensegrity

Wie bereits in Kapitel 2.3 erwähnt bildet das Fasziengewebe eine Struktur, die sich kontinuierlich an die unterschiedlichen Belastungen, welchen der Körper ausgesetzt ist, anpasst. Dies liegt darin begründet, dass alle Zugelemente in einem solchen Modell miteinander vernetzt sind. Verändern sich Druck und Zug an einer Stelle reagiert das gesamte Fasziennetzwerk und versucht auszugleichen. Dieses System reagiert deswegen bei Bewegungen auch sehr fein. Das heißt wenn Muskeln an einer Stelle im Körper während einer Bewegung kontrahieren, gibt es über die verschiedenen faszialen Zugelemente – Faszien und Faszienketten- eine Reaktion an anderen Körperstellen (Schleip R., 2016, S. 58).

Aktuell wird zur Beschreibung des Fasziennetzes und seiner biomechanischen Eigenschaften häufig das Biotensegrity-Modell herangezogen (Schleip et al., 2012, S. 498). Der Begriff – lässt man „Bio" außen vor - Tensegrity setzt sich aus den Wörtern „tension" (Spannung) und „integrity" (Ganzheit, Vollständigkeit) zusammen und bezeichnet ein Konstruktionsprinzip, welches auf den US-amerikanischen Architekten und Designer Richard Buckminster Fuller zurückgeht (Schwind, 2009, S. 9). Dieser Begriff beschreibt Strukturen die Ihre Daseinsberechtigung primär durch ein Kräftegleichgewicht eines sie durchziehenden Geflechts aus kontinuierlichen Spannungslinien aufrechterhalten statt, wie Mauern oder Pfeiler, durch Kompressionskräfte (Myers, 3. Auflage, 2015, S. 49). Abbildung 4 stellt vereinfacht ein Biotensegrity-Modell und seine Funktionalität dar.

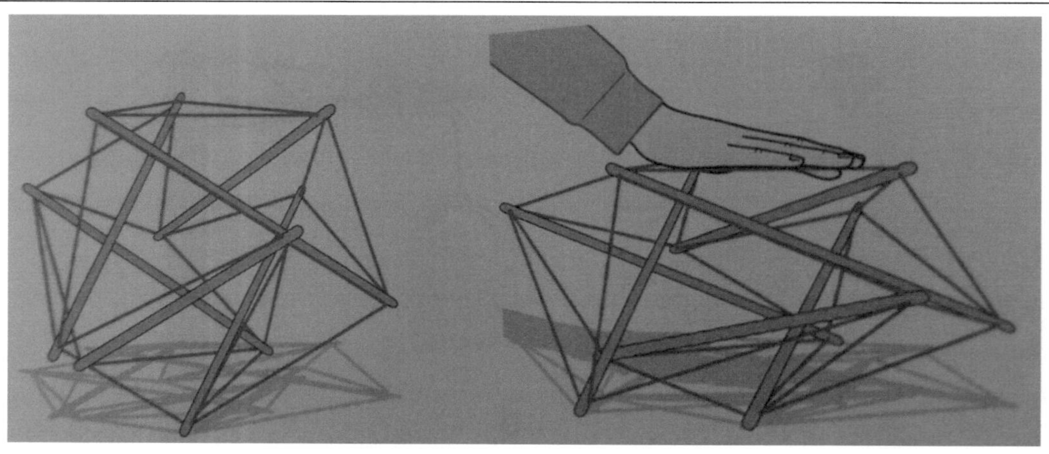

Abbildung 4: Klassische Struktur und Verhaltensweise eines Tensegritymodells.

Quelle: Myers T., 2015, S. 52

Muskeln arbeiten daher nicht isoliert, sondern immer im körperweiten faszialen Netz. Dieses Körperbild identifiziert daher auch größere funktionale Muskel-Faszien-Ketten im Körper (Schleip R., 2016, S. 58).

Diese sogenannten Faszienzugbahnen oder Anatomischen Zuglinien wie Thomas Myers sie nennt werden im Kapitel 3.3 ausführlicher beschrieben um dem Leser den funktionellen Zusammenhang des Muskel- Faszien- Gebildes und deren Betätigungsfeld im Tennissport näher zu erläutern.

3.2 Vorspannung und elastische Energiespeicherung

Alle Tensegrity- Systeme speichern von Natur aus Energie. In den Druckelementen wirkt eine konstante Druckkraft nach außen, während das elastische Spannungsnetz nach innen zum Mittelpunkt der Struktur hin zieht. Myers beschreibt dieses konstante Wechselspiel der beweglichen Kräfte als „dynamisches Gleichgewicht" einander entgegenwirkender Kräfte. Wenn man solche Strukturen (vgl. Abbildung 4) deformiert, wird zusätzliche Energie aufgenommen und wieder abgegeben sobald die deformierende Krafteinwirkung auf diese Strukturen aufhört und die Systeme in ihre Ausgangsposition und damit auch in ihr ursprüngliches Kräftegleichgewicht zurückkehren können (Myers, 3. Auflage, 2015, S. 58).

Ist irgendein Element einer Tensegrity- Struktur defekt, wird das dynamische Gleichgewicht gestört, und die Struktur ändert ihre Form, bis sie einen neuen Gleichgewichtszustand erreicht hat oder vollständig zusammenbricht. Steigt jedoch die Spannung in einem Tensegrity- System bei einem Element, führt das zu einem Spannungsanstieg bei allen Elementen der Struktur. Myers vergleicht diese Art der Verformung unter Belastung mit einem chinesischen Fingerpuzzle. Man kann immer weiter ziehen bis man die Bindungskräfte überwindet und das Fingerpuzzle wird ruckartig reißen. Wenn man dieselbe Situation auf den Körper überträgt hat man es meistens mit einem Bänderriss zu tun. Man kann also festhalten dass Tensegrity- Strukturen sehr widerstandsfähig sind und mit zunehmender Belastung immer steifer werden bis sie zerreißen bzw. zerbrechen. Um eine höhere Belastung aushalten zu können ohne dabei deformiert zu werden muss ein Tensegrity- Modell vorbelastet werden und durch die Vorlast die Spannungselemente gestrafft werden. Diese Möglichkeit der Anpassung durch Vorspannung gibt den Biotensegrity- Strukturen die Möglichkeit, sich schnell und effektiv zu versteifen um größere Belastungen aufnehmen und umgekehrt ebenso schnell wieder abbauen zu können (Myers, 3. Auflage, 2015, S. 59).

Bei sportlichen Belastungen reagiert die Faszie mit einer gitter- und wellenartigen Anordnung und ist dadurch in der Lage als Energiespeicher zu fungieren. Bei Bewegungsmangel hingegen entsteht eine unbewegliche multidirektionale Faserbeschaffenheit, welche mit einem Filzgewebe zu vergleichen ist (Buschmann B., Krämer D., FMT, TYMGYM, 2015, S.15)

3.3 Die Anatomischen Zuglinien

Die genaue Beschreibung der Leitbahnen würde den Rahmen dieser Arbeit sprengen, deswegen wird sich der Autor in diesem Kapitel auf das Wesentliche konzentrieren.

Die klassische Anatomie beschreibt die funktionelle Arbeitsweise unseres Bewegungsapparates oftmals nur auf das Zusammenspiel von Muskulatur und knöchernem Skelett mit seinen Gelenkverbindungen. Dabei wird ein Muskel isoliert betrachtet und auf seine Aktivität zwischen Ursprung (Origo) und Ansatz (Insertio) beschränkt. Viele Ansätze zur Erklärung der Strukturen des Bindegewebes sind nun aber auf den Körper als ein ganzheitlich funktionierendes System bezogen, Myers entwickelte daraus, und auf Grundlage des Tensegrity-Modells, seine Theorie der myofaszialen Leitbahnen.

<u>Die oberflächliche Rückenlinie:</u>

Verläuft von der dicken Plantarfaszie am Fuß Richtung kranial hinten über die Achillessehne und Waden zu Rücken, Nacken und bis über den Schädel zu den Augenbrauen (Schleip R., 2016, S. 60).

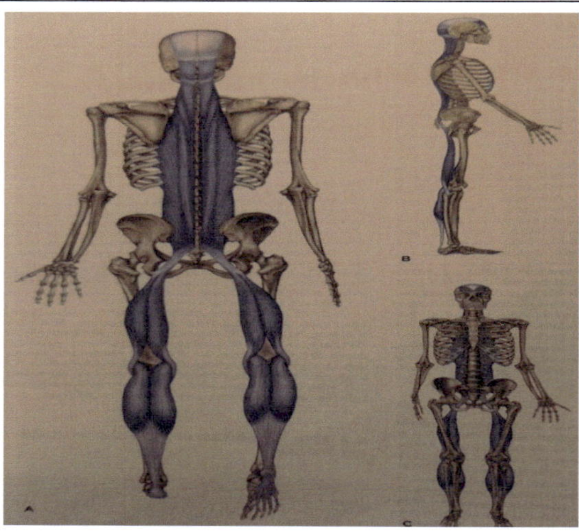

Abbildung 5: Oberflächliche Rückenlinie von ventral, dorsal und posterior.

Quelle: Myers T., 2015, S. 80

Bis auf die Flexion im Knie und von dort abwärts besteht die allgemeine Bewegungsfunktion der Oberflächlichen Rückenlinie Extension und Hyperextension zu erzeugen (Myers, 3. Auflage, 2015, S. 79). Sie stützt und schützt den Rücken, ist verantwortlich für die aufrechte Posturologie, sowie die Extension des Oberkörpers nach oben und hinten (Schleip R., 2016, S. 60).

Die oberflächliche Frontallinie:

Verbindet die gesamte vordere Körperoberfläche und verläuft von der Oberseite der Füße bis, nämlich von den Zehen zum Becken und vom Becken bis zu den Seiten des Schädels. Beide Anteile agieren als eine kontinuierliche, aus einer integrierenden Faszie bestehende Zuglinie, wenn sich die Hüfte, wie im aufrechten Stand in der Extension befindet (Myers, 3. Auflage, 2015, S. 107).

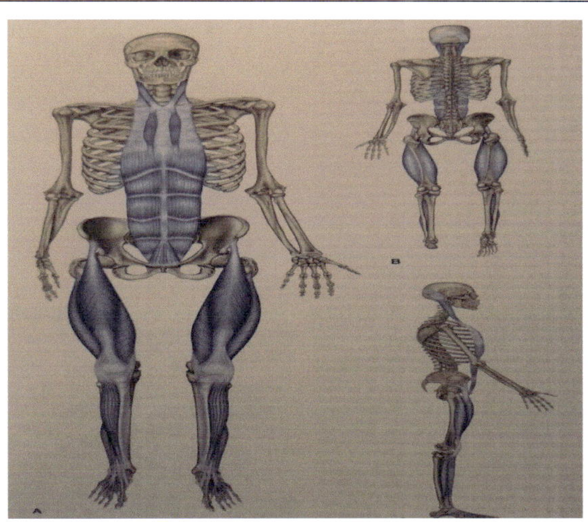

Abbildung 6: Oberflächliche Frontallinie von ventral, dorsal und posterior.

Quelle: Myers T., 2015, S. 107

Die Funktion der Oberflächlichen Frontallinie besteht einerseits darin, als Antagonist zur Oberflächlichen Rückenlinie zu fungieren und andererseits, den vor der Schwerkraftlinie liegenden Skelettanteil – Becken, Brustkorb und Gesicht – von oben her durch Zugkräfte Unterstützung zu leisten. Die Muskeln der Oberflächlichen Frontallinie wie zum Beispiel kurz von unten nach kranial geschildert die kurzen und langen Zehenextensoren, Musculus tibialis anterior, Musculus rectus femoris, rectus abdominis, sternalis und sternocleidomastoideus sind immer bereit die weichen und sensiblen Körperregionen auf der Vorderseite des menschlichen Körpers zu schützen. Außerdem sorgen die Myofaszien der Oberflächlichen Frontallinie für die Extension der Knie in der aufrechten Haltung, die Flexion von Rumpf und Hüften und die Dorsalflexion des Fußes. (Myers, 3. Auflage, 2015, S. 107-109).

Die Laterallinie:

Sie klammert beide Außenseiten des Körpers ein. Sie geht vom medialen bzw. lateralen Mittelpunkt des Fußes aus und führt um die Außenseite des Knöchels herum. Sie verläuft weiter auf der lateralen Seite des Unter- und Oberschenkels hinauf um wie in Korbgeflecht über die Rippen bzw. den Rumpf. Schlussendlich endet die Laterallinie im Bereich der Ohren nachdem sie unter den Schultern hindurch bis zum Schädel zieht (Myers, 3. Auflage, 2015, S. 127).

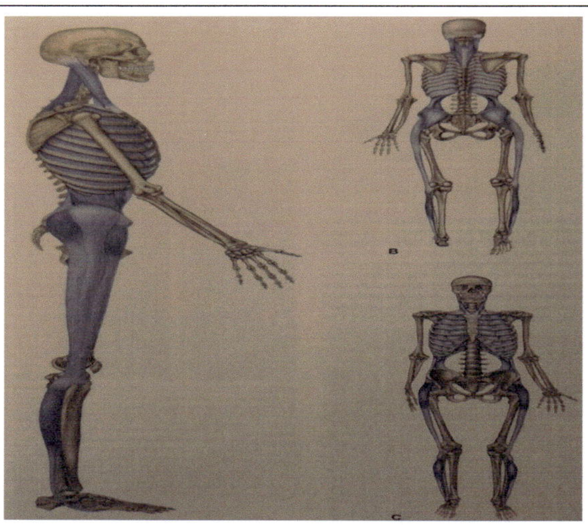

Abbildung 7: Laterallinie von ventral, dorsal und posterior.

Quelle: Myers T., 2015, S. 126

Die Laterallinie ist für die posturale Balance zwischen der Vorderseite sowie der Rückseite des Körpers verantwortlich. Sie überträgt Spannungen zwischen der Oberflächlichen Frontallinie, der Oberflächlichen Rückenlinie, den Armlinien und der Spirallinie. Die Laterallinie ist an der Seitwärtsneigung des Körpers beteiligt – der Lateralflexion des Rumpfes, der Abduktion der Hüfte und der Eversion des Fußes. Außerdem ist sie eine Art „Bremse" für Rotations- und Lateralbewegungen des Rumpfes (Myers, 3. Auflage, 2015, S. 127).

Die Spirallinie:

Sie windet sich um den Körper und ermöglicht dabei Rotationen und gegenläufige Bewegungen (Schleip R., 2016, S. 61). Aus Sicht der unteren Extremitäten hat die Spirallinie eine wichtige Funktion im Gehen um eine exakte Knieführung beizubehalten. Sie verbindet nämlich die Fußgewölbe mit dem Winkel des Beckens (Myers, 3. Auflage, 2015, S. 145).

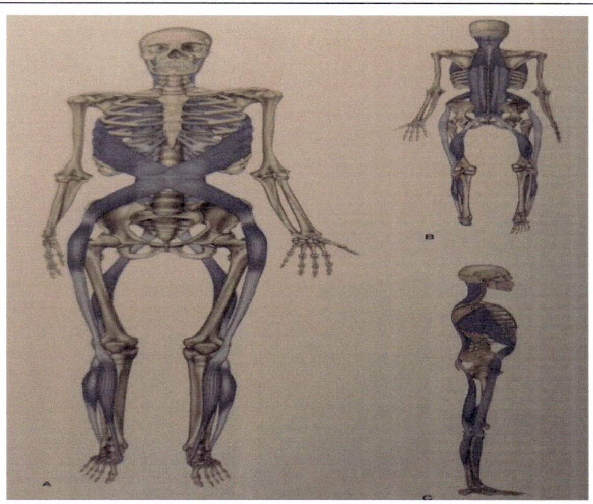

Abbildung 8: Spirallinie von ventral, dorsal und posterior.

Quelle: Myers T., 2015, S. 144

Bezüglich der Posturologie hilft die Spirallinie das Gleichgewicht auf allen Ebenen beizubehalten. Ein großer Teil der Spirallinie ist gleichzeitiger Bestandteil der Oberflächlichen Rückenlinie, der Oberflächlichen Frontallinie sowie der Laterallinie und der Tiefen Rückwärtigen Armlinie, was wiederum die Konsequenz daraus hervorruft, dass sich eine Fehlfunktion der Spirallinie nachteilig auf das reibungslose Funktionieren der anderen Linien auswirkt. Die Aufgaben aus bewegungstechnischer Sicht beschränken sich auf das Erzeugen und Weiterleiten von Rotationsbewegungen im Körper und das Stabilisieren von Beinen und Rumpf bei exzentrischen und isometrischen Kontraktionen. Der Körper fällt durch diese Funktion somit in Rotation nicht zusammen und bleibt stabil (Myers, 3. Auflage, 2015, S. 145).

Die Armlinien:

Aus praktikablen und platztechnischen Gründen fasst der Autor die vier myofaszialen Meridiane der Arme und Schultern mit den Bezeichnungen Oberflächliche Frontale Armlinie, Tiefe Frontale Armlinie sowie die Oberflächliche Rückwärtige Armlinie und die Tiefe Rückwärtige Armlinie unter diesem Abschnitt zusammen.

Die vier soeben erwähnten Myofaszialen Meridiane verlaufen vom Achsenskelett aus durch vier Lagen des glenohumeralen Gewebes zu den vier „Seiten“ des Armes und der Hand. Also zur Palmarfläche, zum Handrücken, zum Daumen und zum kleinen Finger. Außerdem beschreibt Myers aufgrund seiner Erkenntnisse, dass die longitudinalen Kontinuitäten der Armlinien mehr „Über-Kreuz-Verknüpfungen“ als in den Beinen aufweisen. Dieses Faktum liegt darin Begründet, dass die menschlichen Schultern und Arme im Vergleich zu den Beinen – welche mehr auf Stabilität ausgerichtet sind – sich auf die Mobilität spezialisiert haben, was wiederum aufgrund der vielfältigen Freiheitsgrade die die Schultern und Arme bei Bewegungen erlauben als eine Notwendigkeit unabdingbar ist (Myers, 3. Auflage, 2015, S. 167). In Abbildung 9 ist zu erkennen dass die Nomenklatur der Linien ihrem Verlauf in der Schulterregion entspricht.

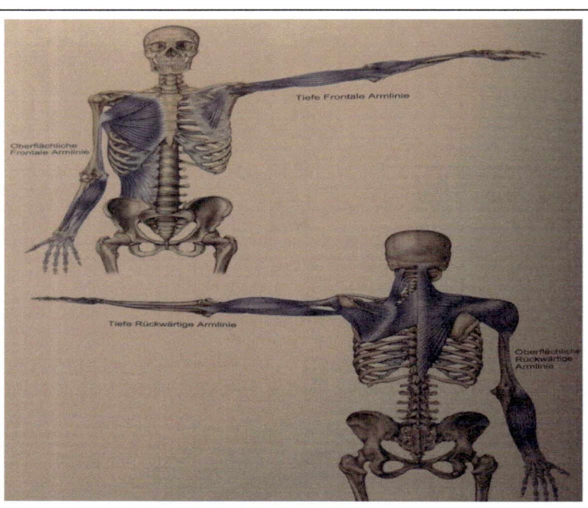

Abbildung 9: Die Armlinien von ventral und dorsal.

Quelle: Myers T., 2015, S. 166

Aufgrund ihrer vielfältigen Einsatzgebiete wie Autofahren und Computerarbeit und ihres Eigengewichts kann man ihnen eine große Bedeutung hinsichtlich der Körperhaltung zuschreiben. Myers weißt nämlich darauf hin, dass Belastungen die vom Ellenbogen ausgehen den mittleren beeinflussen. Außerdem kann eine Fehlhaltung der Schulter eine erhebliche Beeinträchtigung von Rippen, Nacken, Atemfunktion und mehr nach sich ziehen (Myers, 3. Auflage, 2015, S. 167). Für die spätere Betrachtung der faszialen Über- bzw. Beanspruchungen im Rahmen von ausgewählten Schlägen und Anforderungsprofilen auf unterschiedlichen Ebenen des Tennissports wird auf diese Fehlstellungen bezüglich der Posturologie näher eingegangen.

Über etwa zehn Gelenkebenen wirken die Armlinien hinweg um Gegenstände zu uns heranzubringen oder von uns wegzuschieben, um unseren Körper zu schieben, ziehen oder zu stabilisieren. Diese Linien sind nahtlos mit den Laterallinien, den Spirallinien und den funktionellen Linien verbunden (Myers, 3. Auflage, 2015, S. 167).

Die Funktionellen Linien:

Die Verlängerungen der Armlinien sind die funktionellen Linien. Sie ziehen über die Oberfläche des Rumpfes zum gegenüberliegenden Becken und Bein oder umgekehrt, das Bein hinauf zum Becken und über den Thorax zu Schulter und Arm der kontralateralen Seite, da die Meridiane in beide Richtungen arbeiten. Die Linien laufen jeweils auf der Vorder- und der Rückseite des Körpers, sodass die linke und rechte Linie ein „X“ über dem Rumpf bilden. Die dritte Linie dieser funktionellen Linien nennt sich Ipsilaterale Funktionelle Linie und verläuft von der Schulter bis zur medialen Seite des gleichseitigen Knies (Myers, 3. Auflage, 2015, S. 193).

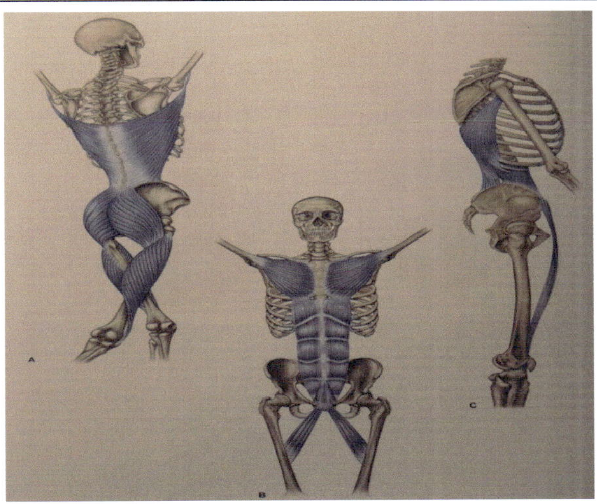

Abbildung 10: Die funktionelle Rückenlinie (A), Funktionelle Frontallinie (B), Ipsilaterale Funktionelle Linie (C).

Quelle: Myers T., 2015, S. 192

Die Funktionelle Frontallinie tritt in Kombination mit der Oberflächigen Frontallinie auf (Schleip R., 2016, S. 61). Geht man auf die Haltungsfunktion der Funktionellen Linien ein sind jene an der Posturologie im Stehen weniger beteiligt als die anderen Zuglinien. Sie verlaufen Großteils durch oberflächliche Gewebsschichten, die so oft am Tag verwendet werden, dass sie wenig Gelegenheit dazu bekommen fest zu werden oder sich faszial zu verkürzen um zur Körperhaltung beizutragen. Außerhalb der Neutralstellung sind diese Meridiane jedoch stark für die Haltung stabilisierende Funktionen zuständig (Myers, 3. Auflage, 2015, S. 193-194). Durch Verlängerung des Hebelarms ermöglichen es die Funktionellen Linien den Bewegungen zusätzliche Kraft und Präzision zu verleihen, indem sie Extremitäten über den Körper hinweg mit der gegenüberliegenden Seite verknüpfen. So kann die Bewegung des Beckens die Rückhand im Tennis unterstützen (Myers, 3. Auflage, 2015, S. 195).

Die Tiefe Frontallinie:

Laut Myers ist die Tiefe Frontallinie der myofasziale „Kern“ des Körpers. Die Wurzeln der Tiefen Frontallinie befinden sich in der Tiefe der Fußsohle und verlaufen direkt hinter den Unterschenkelknochen und dem Knie in kranialer Richtung weiter zur medialen Seite des Oberschenkels. Vom Oberschenkel weg verläuft der Hauptteil dieser Linie vor dem Hüftgelenk, dem Becken und der Lendenwirbelsäule nach oben. Währenddessen verläuft auch ein anderer Teil der Linie auf der Oberschenkelrückseite über den Beckenboden um sich im Bereich der Lendenwirbelsäule wieder mit dem anderen Teil der Linie zu verbinden. Von hier aus verläuft sie weiter zwischen Psoas und Diaphragma entlang der Brustorgane nach kranial und findet ihr Ende an der Unterseite des Neuro- und Viszerokraniums. Außerdem wird diese Linie von allen Linien umhüllt und ist gleichzeitig darin eingebettet. (Myers, 3. Auflage, 2015, S. 201).

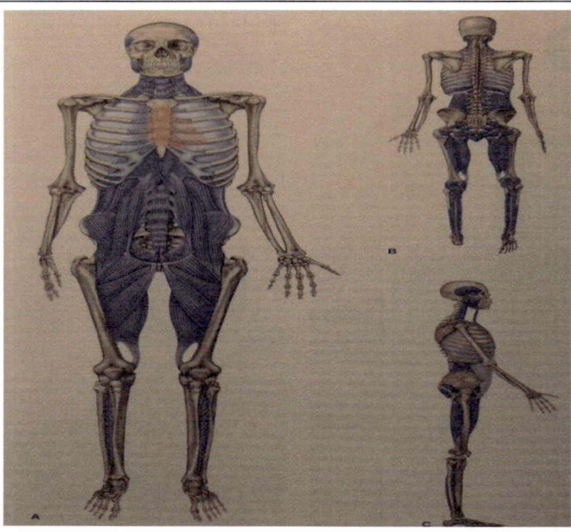

Abbildung 11: Tiefe Frontallinie von ventral, dorsal, und posterior.

Quelle: Myers T., 2015, S. 202

Da die tiefe Frontallinie wie schon erwähnt laut Myers der „Kern“ des Körpers ist, spielt für die Stützfunktion des Körpers eine Entscheidende Rolle.

Sie hebt das innere Fußgewölbe an, stabilisiert die einzelnen Beinsegmente einschließlich der Hüfte. Sie umhüllt den Bauch- Becken- Ballon und stabilisiert den Brustkorb während sich dieser mit dem Ein- und Ausatmen ausdehnt und wieder entspannt. Außerdem balanciert die Tiefe Frontallinie das Zusammenspiel des fragilen Halses und des schweren Kopfes aus. Ein Mangel an Unterstützung der Ausgewogenheit der Tiefen Frontallinie bildet die Grundlage für ungünstige kompensatorische Anpassungen in allen anderen Zuglinien. Um ein Beispiel zu nennen, ist die Verkürzung der Tiefen Frontallinie hauptverantwortlich dafür dass das

Hüftgelenk sich in der Extension nicht vollständig öffnet. Bezüglich der Bewegungsfunktion der Tiefen Frontallinie am Körper ist anzumerken, dass sie bis auf die Atemwelle des Zwerchfells und die Hüftadduktion welche ausschließlich von der Tiefen Frontallinie ausgeführt wird keine Bewegung umfasst welche nicht in den Zuständigkeitsbereich der Tiefen Frontallinie fällt (Myers, 3. Auflage, 2015, S. 201).

3.4 Grundlagen des Fasziendistorsionsmodells

Das Fasziendistorsionsmodell ist ein integrativer systematischer Ansatz der Veränderungen an den verbindenden Strukturen des Stütz- und Bewegungsapparates beschreibt und aufgrund eines eigenen diagnostischen Ansatzes spezifische Behandlungsmethoden jeweiligen Läsionen zuordnet. Es beachtet die Körpersprache eines jeden Individuums (Buschmann B., 2015, S. 14).

Fasziendistorsionstypen:

- Triggerband:
  Bei dieser häufigsten Fasziendistorsion werden die Faszienfasern verdreht oder verknittert, wodurch ein brennender oder ziehender Schmerz am Verlauf des Faszienbandes ausgelöst wird. Die Klienten beschreiben diese Läsion, indem sie mit der Hand über den Verlauf des betroffenen Faszienbandes streichen.

- Triggerpoint- Hernien:
  Faszienprotrusionen mit der Konsistenz einer „schwammartigen Murmel" und der ungefähren Größe einer Mandel.

- Kontinuumsdistorsionen:
  Man kann sich diese Verletzung als winzige Veränderung der Übergangszone zwischen Knochen und Ligament vorstellen. Klienten zeigen mit der Fingerspitze auf dies Distorsionen und Klagen über punktförmige Schmerzen.

- Faltdistorsionen:
  Diese Verletzungen vergleicht man am besten mit einer Straßenkarte, die zunächst entfaltet und anschließend falsch zusammengefaltet wurde. Faltdistorsionen erzeugen Tiefenschmerz in Gelenken.

- Zylinderdistorsionen:
  Verdrehungen oberflächlicher Faszien. Diese sind wie eine verdrehte Spirale. Sie erzeugen tiefe Schmerzen in den Weichteilen.

- Tektonische Fixierung:
  Veränderung bzw. Verlust der Gleitfähigkeit der Faszienoberfläche.

Hierbei muss laut Buschmann und Krämer auch darauf hingewiesen werden dass solche Distorsionstypen nicht nur einzeln vorkommen können sondern häufig auch in Kombination vorkommen. Die Faszienstrukturen sind mit einer Grundspannung versehen und übertragen aufgrund der kontinuierlichen Ausbreitung und Vernetzung Spannungszustände oder Resonanzveränderungen an neurologische Zentren und erfüllen somit eine wichtige propriozeptive bzw. sensomotorische Aufgabe. Aufgrund dieser sensomotorischen Funktion spielen Faszien eine wichtige Rolle in der Spannungsregelung der Muskulatur und damit der Koordination des aktiven Bewegungsapparates (Buschmann B., 2015, S. 14-15).

Der aktuelle Schwerpunkt in Bezug auf die Behebung der Fasziendistorsion liegt eindeutig auf den manuellen Ansätzen der Behandlung, da Stephen Typaldos –der Erfinder des Fasziendistorsionsmodells- selbst Osteopath und Notfallmediziner war. Die verwendeten Techniken sind hoch spezifisch und immer nur bei bestimmten Formen der Distorsionen durchzuführen. Nach jedem Schritt der Therapie werden die Beschwerden und Einschränkungen neu bewertet und die Therapie an den Ergebnissen angepasst (Huijing, 2014, S. 301).

4. Tennis

Für Tennis benötigt man Muskelkraft, Beweglichkeit, Explosivkraft, Ausdauer und Schnelligkeit. Jede dieser Komponenten erfordert ein gut trainiertes Muskelsystem. Daneben stellen die verschiedenen Platzbeläge auch unterschiedliche Anforderungen dar. So sind auf Sandplätzen die Ballwechsel oft bis zu 20 Prozent länger als auf Hartplätzen oder Rasenplätzen. Außerdem sind Rasenplätze meistens noch schneller als Hardcourtplätze (Kovacs M. S., 2012, S. 1).

4.1 Beanspruchungsprofil im modernen Tennis

In kaum einer anderen Sportart wird die Leistungsstruktur durch eine ähnliche Vielzahl an Einflussfaktoren geprägt wie im Tennissport. Allem voran wird der besondere Stellenwert der willentlichen (volitiven), kognitiven und emotionalen psychischen Faktoren betont. Nur diejenigen Spieler, welche über eine stabile und erfolgsorientierte psychische Einstellung verfügen werden langfristige Erfolge feiern können. Diese psychische Einstellung ermöglicht auch in kritischen Situationen auf dem Platz den optimalen Einsatz der Schlagtechnik. Allerdings reicht die beste psychische Konstitution nicht aus, wenn es dem Spieler aufgrund von technischen oder konditionellen Defiziten niemals gelingt, sich einen Matchball zu erarbeiten. Die Möglichkeit zur Kompensation einzelner, unzureichend ausgebildeter Leistungsfaktoren schwindet in der absoluten Weltspitze aufgrund der zunehmenden Leistungsstärke und Leistungsdichte dahin.

Die Leistungsstruktur im Tennissport besteht somit aus einem komplexen Netzwerk von wichtigen Leistungskomponenten, in dem je nach Alter, Geschlecht, Spielertyp und Bodenbelag, in unterschiedlicher Weise in den Vordergrund treten. Keiner dieser Leistungsfaktoren darf jedoch für das Erreichen eine hohen Spiel- und Leistungsniveaus nur unterdurchschnittlich ausgeprägt sein (Ferrauti A., 2014, S. 14- 15).

Die Leistungsstruktur mit den wichtigsten Leistungskomponenten im Tennis möchte der Autor in der folgenden Grafik veranschaulichen.

Abbildung 12: Leistungsstruktur mit wichtigen Leistungskomponenten und deren Wechselwirkung im Tennissport.
Quelle: eigene Darstellung in Anlehnung an Ferrauti, 2014, S.15

Man kann also sagen, dass die Leistungsstruktur im Tennissport aus einem komplexen Netzwerk von wichtigen Leistungskomponenten besteht. Die einzelnen Faktoren treten je nach Alter, Geschlecht, Spielertyp und Bodenbelag, in unterschiedlicher Weise in den Vordergrund. Es darf jedoch keiner der Faktoren für das Erreichen eines hohen Leistungsniveaus nur unterschiedlich ausgeprägt sein (Ferrauti A., 2014, S. 15).

Ausschlaggebend für ein erfolgreiches Tennisspiel sind richtig ausgeführte und koordinierte Bewegungen in Verbindung mit der richtigen Position am Platz und der richtigen Positionierung zum Ball durch mehrere Ausgleichsschritte, sobald man Flugbahn, Tempo und Drall des herankommenden Balls eruiert hat. Für diese Leistung bedarf es während eines Ballwechsels kurzer Sprints, ständige Bewegung und häufige Richtungswechsel. Jeder einzelne Punkt im Tennis erfordert im Schnitt laut Kovac und Roeter drei bis fünf Richtungswechsel und bis zu 500 davon fallen in einem Spiel oder einer Trainingseinheit an. Im Hinblick auf die Ausdauer wird eine gute aerobe sowie anaerobe Ausdauer benötigt. Eine gute aerobe Energiegewinnung wird benötigt da sich ein Tennisspiel über Stunden erstrecken kann und aufgrund der vielen zuvor erwähnten Sprints und läuferischen Richtungsänderungen ist auch eine gut entwickelte anaerobe Leistungsfähigkeit von Vorteil. Das Training des Herz-Kreislauf-Systems sowie der Muskulatur sollte demnach am besten von Bewegungsabläufen wie sie im Tennis an Notwendigkeit erfahren trainiert werden (Kovacs M. S., 2012, S. 1-2).

Abgesehen von der Koordination, welche die Schlagtechnik unmittelbar beeinflusst will der Autor sich auf die wesentlichen körperlichen Leistungskomponenten (vgl. Abbildung 12 in orange gehalten) beschränken – mit besonderem Merkmal auf die Beweglichkeit. Außerdem soll dieses Kapitel nur als Einführung in die Leistungskomponenten des Tennissports geben um im Anschluss besser die Bedeutung und den Einfluss auf funktionelle myofasziale Dysbalancen in der Leistung eines Tennisspielers zu verstehen.

Schnelligkeit:

Schnelligkeit eines Spielsportlers ist eine komplexe Eigenschaft, die sich aus psychophysischen Teilfähigkeiten zusammensetzt. Nämlich die Wahrnehmung von Spielsituationen und deren Veränderungen, die Antizipation, Entscheidungsschnelligkeit, Reaktionsschnelligkeit, zyklische und azyklische Bewegungsschnelligkeit, Aktionsschnelligkeit und die Handlungsschnelligkeit (Weineck, 2014, S. 610).

Im Tennissport wird der Schnelligkeit von namhaften Trainern eine sehr hohe Bedeutung zugesprochen, wobei sich diese Aussagen zumeist auf die Laufschnelligkeit und die Beinarbeit beziehen (Ferrauti A., 2014, S. 231).

Die zu trainierenden Schnelligkeitsfaktoren und deren Vorkommen bei tennisspezifischen Bewegungsfolgen werden in Abbildung 13 dargestellt.

Spielsituation	**Schnelligkeitsvoraussetzung**
Richtung erkennen	• Reaktionsschnelligkeit • Antizipationsschnelligkeit
RH umlaufen Präzisionsvorbereitung	• Frequenzschnelligkeit – zyklisch • Intermuskuläre Koordination
Start aus Split	• Aktionsschnelligkeit – azyklisch • Reaktivkraft
Beschleunigung zum Ball (Sprint)	• Schnellkraft • Intermuskuläre Koordination (Sprint)
Schneller Richtungswechsel	• Maximalkraft/Schnellkraft • Reaktivkraft/intramuskuläre Koordination • Intermuskuläre Koordination
Sprung zum Volley/Smash	• Maximalkraft/Schnellkraft • Reaktivkraft/intramuskuläre Koordination • Intermuskuläre Koordination
Schnelle (Auf-)Schläge	• Intermuskuläre Koordination • Maximalkraft/Schnellkraft

Abbildung 13: Verschiedene Spielsituationen und deren Voraussetzungen bezüglich Schnelligkeit.
Quelle: eigene Darstellung in Anlehnung an Ferrauti, 2014, S.233

Bei einem Return und in fast allen Spielsituationen während eines Ballwechsels ist der Tennisspieler gefordert, möglichst rasch die gegnerische Schlagrichtung zu antizipieren, um sich zeitliche Vorteile zu erarbeiten. Der Spieler muss seinen Lauf aus hohem Tempo ruckartige bremsen und reaktiv möglichst schnell in die Gegenrichtung erneut beschleunigen. In der nächsten Situation muss der Tennisspieler versuchen den Ball beim Aufschlag oder in der Grundliniensituation maximal schnell zu beschleunigen. Hierzu wird eine gute intermuskuläre Koordination benötigt während die Schnellkraftkomponente nur geringen Umfang einnimmt (Ferrauti A., 2014, S. 232).

Ausdauer:

Die Ausdauer wird als allgemein psychophysische Ermüdungswiderstandsfähigkeit des Sportlers definiert. Die psychische Ausdauer des Sportlers beschreibt die Fähigkeit einen Reiz, der zum Abbruch einer Belastung führen würde möglichst lange zu wiederstehen, während die physische Ausdauer die Ermüdungswiderstandfähigkeit des gesamten Organismus bzw. dessen Teilsystemen beschreibt (Weineck, 2014, S. 229).

Die Ausdauerleistung des Tennisspielers unterscheidet sich gegenüber der Grundlagenausdauer sehr. Der Wechsel von Belastung und Pause und die vergleichsweise intensiven Belastungsphasen kennzeichnen tennisspezifische Belastungen. Diese Form von Ausdauer wird von Ferrauti als die Ermüdungswiderstandsfähigkeit gegenüber intensiven Lauf- und Schlagbeanspruchungen, sowie die rasche Regenerationsfähigkeit unmittelbar danach definiert. Die Ermüdungswiderstandfähigkeit und Regenerationsfähigkeit spielen nicht nur während und zwischen einzelnen Ballwechseln eine große Rolle, sondern auch mittelfristig während bzw. zwischen lang andauernden Matches bzw. Trainingseinheiten (Ferrauti A., 2014, S. 285).

Kraft:

Kraft tritt in den verschiedenen Sportarten nie in einer Reinform auf. Sie kommt stets in einer Kombination beziehungsweise Mischform der konditionellen physischen Leistungsfaktoren zu tragen. Es lassen sich drei Hauptformen der Kraft ableiten: die Maximalkraft, die Schnellkraft und die Kraftausdauer. Eng mit der Schnellkraft verbunden ist die Reaktivkraft und seit neueren Aufzeichnungen auch in die Hauptgruppen der Kraft aufgenommen (Weineck, 2014). Die Reaktivkraft spielt beim Übergang von exzentrischer zu konzentrischer Kontraktion eine große Rolle. Sie basiert auf der Maximalkraft, der Schnellkraft mit ihren Komponenten Startkraft und Explosivkraft und der reaktiven Spannungsfähigkeit. Die Phase in der die Reaktivkraft zu tragen kommt wird auch als Dehnungs- Verkürzungs- Zyklus bezeichnet, bei dem sich der Muskel in einem kurzen Zeitabschnitt zunächst während der exzentrischen Phase verlängert und unmittelbar anschließend danach konzentrisch verkürzt. Diese Form der Kraft spielt beim Tennissport bei fast allen dynamischen Muskelkontraktionen eine große Rolle. Beispiele daraus sind die Landung beim Splitstep (exzentrisch) und Beginn der Beschleunigung zum Ball (konzentrisch) oder der Übergang von der Ausholbewegung (exzentrisch) zur Schlagbewegung (konzentrisch). Die außerordentliche Bedeutung inter- und intramuskulären Koordination im Tennisspiel legen ein funktionell basiertes Krafttraining für den Tennisspieler nahe (Ferrauti A., 2014, S. 197-199).

Beweglichkeit:

Jürgen Weineck beschreibt die Beweglichkeit als die Fähigkeit und Eigenschaft des Sportlers, Bewegungen mit großer Schwingungsweite selbst oder unter dem unterstützenden Einfluss äußerer Kräfte in einem oder in mehreren Gelenken ausführen zu können (Weineck, 2014, S. 735). Durch die Dominanz des Grundlinienspiels und des damit verbundenen extremeren Winkelspiels wird den Spielern heutzutage fast schon standardmäßig nur mehr erlaubt den Ball zu erreichen indem sie einen extrem weiten Ausfallschritt machen und den Arm mit dem Schläger in der Hand in maximale Streckung bringen (Ferrauti A., 2014, S. 268).

In Abbildung 14 sieht man Beweglichkeit am Paradebeispiel von Novak Djokovic.

Abbildung 14: Novak Djokovic mit weitem lateralem Ausfallschritt zur Vorhand.

Quelle: http://www.tagesanzeiger.ch/sport/tennis/So-erschuf-Coach-Vajda-den-SuperDjokovic/story/16245665, 03.03.2017

Die Bedeutung der Beweglichkeit im Tennissport verglichen mit anderen Sportarten wie Geräteturnen oder asiatischen Kampfsportarten ist laut Ferrauti nicht eindeutig festzulegen (Ferrauti A., 2014, S. 268). Andererseits kann man der Beweglichkeit in Bezug auf die Verletzungsprophylaxe und allen anderen leistungslimitierenden Faktoren wie Kraft, Schnelligkeit, Ausdauer und Koordination eine große Rolle zukommen lassen. Unter anderem trägt eine verbesserte Beweglichkeit auch stark zur Optimierung der qualitativen und quantitativen Bewegungsausführungen bei. Wichtig für den Tennisspieler ist auch der Aspekt, dass durch ein regelmäßiges Dehnprogramm Muskelverkürzungen verhindert werden und muskulären Dysbalancen Einhalt geboten wird (Weineck, 2014, S. 738-741).

In der Frage ob es sich um ein Kurzzeit- oder Langzeit- Dehnprogramm beim Tennisspieler handeln sollte, besitzt das Kurzzeitdehnprogramm zur Vorbereitung auf Training und Wettkampf seine klare Rechtfertigung, auch wenn die Dehnungsspannung und die Länge der Muskeln weitgehend unverändert bleiben. In dieser Phase der Vorbereitung werden auch Dynamische Dehnmethoden wie z.B. Schwunggymnastik empfohlen, da die optimale Wirkung rasch erreicht wird. Die funktionelle Kombination von solchen Dehnpositionen die den Bewegungsmustern im Tennissport gleichen wie z.B. eine tiefe Kniebeuge und Ausfallschritt in Kombination mit einer Oberkörperrotation sind daher sehr zu empfehlen (Ferrauti A., 2014, S. 273).

Folgende Abbildung von Bylak und Hutchinson aus 1998 verdeutlicht und unterstreicht noch einmal die Wichtigkeit von beweglichen Muskeln für Tennisspieler.

4 Der Muskelparameter ist für eine optimale Leistung von größter Bedeutung
3 Der Muskelparameter ist synergistisch für eine optimale Performance im Sport
2 Der Muskelparameter ist ab einem gewissen Niveau notwendig für die Verletzungsprophylaxe
1 Minimale Menge wird benötigt
0 Nicht benötigt

Profil des Tennissports				
Flexibilität	Kraft	Leistung	Anaerobe Kap.	Aerobe Kap.
4	2	2	2	2

Abbildung 15: Bewertungsskala der verschiedenen Muskelparameter in Bezug auf Tennis.

Quelle: eigene Darstellung in Anlehnung an Bylak & Hutchinson, 1998, S.131

4.2 Faszien und deren Wirkung auf die verschiedenen Leistungskomponenten des Beanspruchungsprofils im Tennis

Folgende Zeilen sollen einen Einblick geben, wie sich das Fasziensystem auf die Leistungsfähigkeit des menschlichen Organismus in Bezug auf konditionelle Grundfähigkeiten auswirkt.

Schnelligkeit und Faszien:

Auf muskulärer Ebene bedeutet Schnelligkeit meist eine schnelle Kontraktionsfähigkeit der Muskelfasern und die Befähigung wie viel Kraft durch z.B. die Innervation von ihnen aufgebracht werden kann. Das hängt zu einem großen Stück von dem Anteil an angeborenen Typ-Il-Fasern ab, sowie von der Reaktionsfähigkeit auf neurologischer Ebene. Verschiedene Biomechanische Studien mit Vergleichen von Counter Movement Jump und Sprüngen aus dem Stand belegen sehr deutlich wann und wie stark der Dehnungs- Verkürzungs- Zyklus seine Kraft aus dem Anteil der Faszienenergie bezieht. Dabei konnte belegt werden, dass geübte Springer die Rückfederung aus den fazialen Schichten besser nutzen konnten, während ungeübte mehr Muskulatur verwendeten (Schleip R., 2016, S. 89).

Im Tennissport benötigt man schnelle Reaktionsfähigkeit, schnelle Richtungswechsel und harte Schläge, was zur Folge hat, dass man gut trainierte Faszien als Tennisspieler benötigt, weil sie mehr Speicherenergie bei schnellen Bewegungen fordern (Schleip R., 2016, S. 92).

Ausdauer und Faszien:

Eine entscheidende Rolle spielen Faszien im konditionellen Bereich der allgemeinen Ausdauer und Muskelausdauer, da beim Gehen oder Laufen bis zu 90 Prozent Speicherenergie aus den Faszien kommen. Daraus hat sich auch schon eine eigene Laufmethode entwickelt. Die sogenannte Galloway- Methode, welche alle paar Kilometer eine kurze Gehpause empfiehlt, hat den entscheidenden Vorteil, dass sich Muskeln sowie Faszien, Bänder und Sehnen aktiv erholen können. Es ist allseits bekannt, dass der Muskel bei Dauerleistung ständig Energie in Form von Adenosintriphosphat (ATP) benötigt. Arbeiten die Faszien bei den zyklischen Bewegungen mit, ist der Energiebedarf weniger hoch, und der Muskel ermüdet weniger schnell als mit herkömmlichen Laufstielen (Schleip R., 2016, S. 94).

Koordination und Gleichgewicht und Faszien:

Harmonische, elegante und flüssige Bewegungen sind das Ziel des Faszientrainings. Die Vestibuläre Wahrnehmung, welche die Schwerkraft und Beschleunigung im Innenohr registriert sowie das Auge, der Tastsinn und der propriozeptive Gleichgewichtssinn informieren das Zentralnervensystem über Haltung und Orientierung des Körpers im Raum. Der propriozeptive Gleichgewichtssinn, welcher auch Tiefensensibilität genannt wird, entwickelt sich laut Schleip und Buschmann im Embryo als erstes – nämlich in den Faszien. Denn wie aus Kapitel 1 schon herauszunehmen, liegt in den Faszien eine überwältigende Anzahl an Sensoren für die innere Wahrnehmung. Für optimale Koordinationsleistungen mit stabilem Gleichgewicht ist daher ein gesundes Fasziennetzwerk unerlässlich, da es bei optimalem Zusammenwirken mit Nerven, Gehirn und Sinnesorganen mit dem Bewegungsapparat die Voraussetzung für gute Koordination bildet (Schleip R., 2016, S. 95).

Beweglichkeit und Faszien:

Einerseits kann man die Beweglichkeit trainieren, andererseits ist sie aber bestimmt von der sogenannten „Gelenkigkeit“ des Körpers. Die Gelenkigkeit ist von Mensch zu Mensch unterschiedlich weil sie auf den angeborenen Bindegewebstypen beruht. Verantwortlich für die Gelenkigkeit sind muskuläre Faszien sowie Gelenkkapseln, Bänder, Sehnen und Aponeurosen. Die Gelenkigkeit als Teil der Beweglichkeit hängt sehr von der Beschaffenheit dieser faszialen Strukturen ab und weniger von den Muskeln. Der angeborene Bindegewebstyp sowie der aktuelle Zustand der Faszien – verfilzt oder gesund und geschmeidig – haben einen hohen Anteil an der Beweglichkeit. Eine starke neuromuskuläre Komponente enthält die sportmotorische Beweglichkeit und geht somit über die Gelenkigkeit hinaus, welche Präzision der Bewegungen erzeugt. Diese Beweglichkeit lässt sich mit gezieltem Training verbessern. Yoga ist hierbei im Breiten- und Freizeitbereich eine willkommene Lösung die eigene Dehnfähigkeit zu verbessern (Schleip R., 2016, S. 93-94).

4.3 Die Anatomischen Zuglinien und deren Funktionalität im Tennissport

Aus den in Kapitel 3 beschriebenen Anatomischen Zuglinien und deren verschiedenen Aufgaben im Bereich der Posturologie und des Körpers in Bewegung wird schnell klar, dass die Funktionalität, Beanspruchung und das reibungslose Zusammenspiel der Linien im Bereich des Tennissports eine große Rolle spielt. Der Autor möchte im folgenden Kapitel auf das Beanspruchungsprofil und die Funktionalität der myofaszialen Meridiane während der tennisspezifischen Belastung eingehen. Unter anderem wird das Hauptaugenmerk auch auf die verschiedenen Schläge und den daraus resultierend beanspruchten Strukturen gelegt. Um den Rahmen der Arbeit nicht zu sprengen fiel die Auswahl der Schläge auf den Aufschlag, und die beidhändige Rückhand.

Der Aufschlag oder Service erfordert einen starken Zug entlang der Funktionellen Frontallinie. Im oberen Körpersegment wird dabei primär der Musculus pectoralis major beansprucht sowie der M. pectoralis minor in Konnektivität mit den Musculi abdominis, welche durch ihre abrupte Kontraktion die Kraft des Aufschlages verstärken. Gleichzeitig führt die Kontraktion der Bauchmuskeln dazu, dass Luft oder Töne ausgestoßen werden. Der Musculus adductor longus oder seine Nachbarn verhindern durch Gegenzug, dass die Bauchmuskeln das Schambein nach oben ziehen. Darauffolgend kommt der Return des Gegners oder Partners, welcher eine Vorhand ist zum Tragen. Der Arm ist dabei beim Treffpunkt des Balles von der

Schulterachse aus gesehen relativ horizontal nach außen gestreckt. Nun kommen die Verbindungen der Oberflächlichen Frontalen Armlinie in das Spiel. Von der Handfläche in der sich der Schläger befindet und gehalten wird über den Pectoralis der einen Seite und den Brustkorb hinüber zum Pectoralis der anderen Seite kann man nun die Verbindung gut spüren. Dabei wird die Armkraft auf die Vorderseite des Rumpfes übertragen. Wenn kurz darauf eine Rückhand des Aufschlägers erforderlich ist, könnte die Kraft von einem Latissimus zum anderen über die deren obere Ränder übertragen werden, wie in der Abbildung schematisch dargestellt. Eine Vorhand- cross bzw. diagonal gespielt könnte zu einem hohen Prozentsatz über die Spirallinie um den Körper herum zum gegenüberliegenden Beckenkamm vermittelt werden, sowie von der Spirallinie auf die Funktionelle Frontallinie. Ein Rückhandball welcher hoch am Spieler ankommt und auf bzw. über Kopfhöhe geschlagen werden muss, könnte den Einsatz des gesamten Musculus latissimus dorsi erfordern (Myers, 3. Auflage, 2015, S. 198-199).

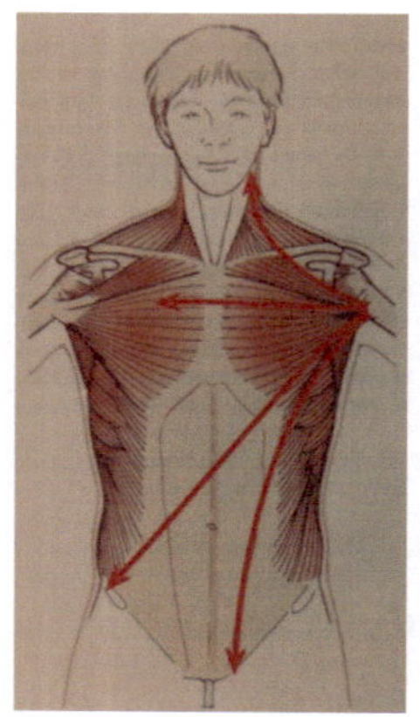
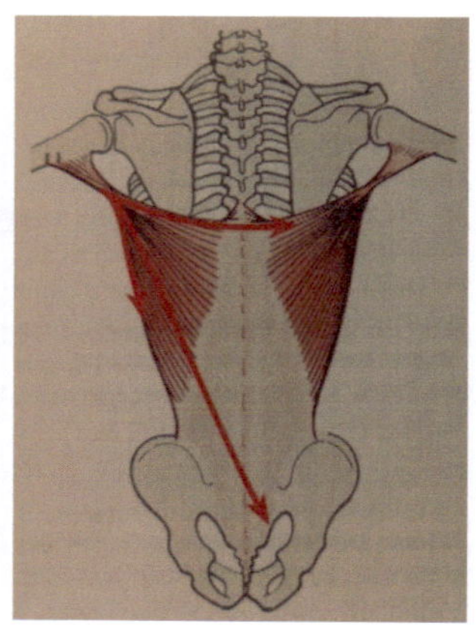
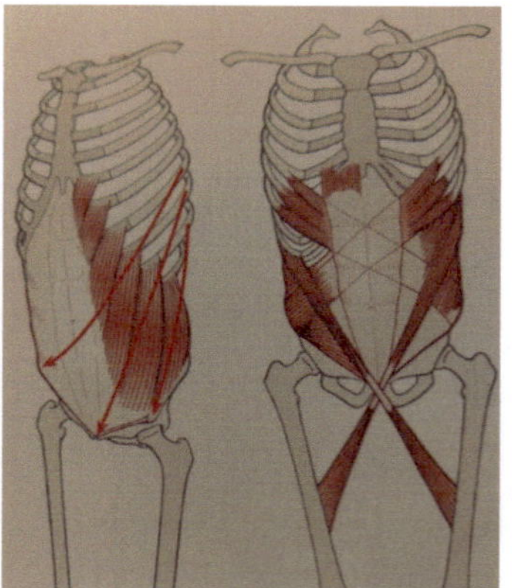

Abbildung 16: Die Funktionellen Frontallinien und Oberflächlichen Frontalen Armlinien sowie die Lateral- und Spirallinien bei verschiedenen Schlägen (Aufschlag, Vorhand, Rückhand).

Quelle: Myers T., 2015, S. 199- 200

Der Aufschlag:

Der Aufschlag ist einer der wichtigsten Schläge des Tennisspiels, weil man mit ihm das Spiel sehr gut lenken kann. Positiv beeinflussen lässt sich die Qualität des Schlages durch das Training von Muskel- und Explosivkraft, Beweglichkeit und Koordination. Ein erfolgreicher Aufschlag oder Überkopfschlag ergibt sich aus der Summe der Kräfte, die sich vom Boden durch die gesamte kinematische Kette bis zum Ballkontakt addieren (Kovacs M. S., 2012, S. 12- 15).

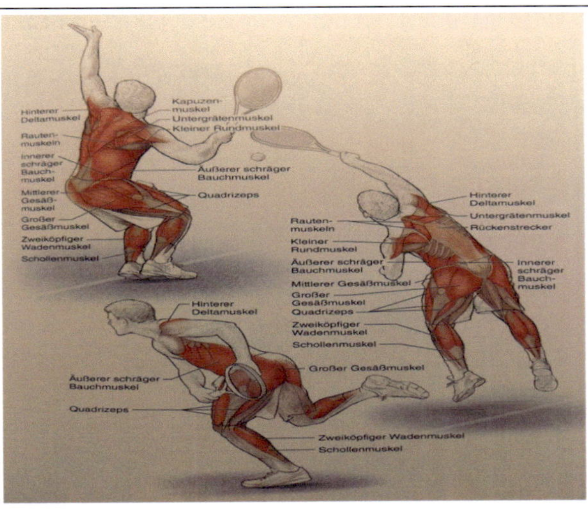

Abbildung 17: Aufschlag und beanspruchte Muskulatur.

Quelle: Kovacs M.S., 2012, S. 13

Die Beugung der Knie ergibt eine exzentrische Kontraktion des Quadrizeps, und eine konzentrische Kontraktion der zweiköpfigen Wadenmuskeln, Schollenmuskeln, Quadrizeps und Gesäßmuskeln und aktiviert die Bodenreaktionskraft welche der erste krafterzeugende Aspekt des Aufschlages ist. Dadurch wird der Unterkörper kräftemäßig durch die exzentrischen Kontraktionen von Gastrocnemius, Soleus, Quadrizeps, Gesäßmuskeln und Hüftrotatoren quasi „geladen" um die Kraft in die Beine zu bringen und die Hüftrotation einzuleiten. Die Armbewegung wird durch konzentrische Kontraktionen von Musculus infraspinatus, m. teres minor, m. subscapularis, bizeps brachii, m. serratus anterior und Handgelenksstreckern sowie exzentrisch durch m. subscapularis und m. pectoralis major hervorgerufen. Aus dieser Position erfolgt eine explosive vertikale Kraftentwicklung, die konzentrische Kontraktionen in den Hauptmuskeln des Schlagarms und der Schlagschulter zur Folge hat. Die vorderen Brust- und Rumpfmuskeln (Brustmuskeln, Bauchmuskeln, Quadrizeps und Bizeps) sind hauptverantwortlich für die Beschleunigung des Oberarms, während die rückseitigen Muskeln (Rotatorenmanschette, Kapuzenmuskel, Rautenmuskel und Rückenstrecker) ihn am Ende des Durchschwungs abbremsen. Die Streckung nach oben sowie die Vorwärtsbewegung des Oberarms erfolgen durch konzentrische Kontraktionen der Unterschulterblattmuskulatur, Vorderem Deltamuskel, großem Brustmuskel und Trizeps. Der Ellenbogen wird durch konzentrische Arbeit des Trizepses und exzentrisch durch den Bizeps gestreckt. (Kovacs M. S., 2012, S. 15-16).

Aus „myofaszialer Sicht" müssen sich die frontalen Linien auf ganzer Länge gegeneinander verkürzen um die Kraftwirkung in die richtige Richtung zu lenken. Verantwortlich für die

Kraft des Schlages sind Teile der oberflächlichen sowie der Tiefen Frontalen Armlinie welche auch die Rotatorenmanschette stark in die Krafterzeugung mit einbeziehen (Myers, 3. Auflage, 2015, S. 242).

Aus der Sicht eines Rechtshänders verkürzt sich die linke frontale Armlinie zum Körper hin um der rechten Seite die nötige Stabilität für größtmögliche Dehnung und Höhe zu geben. Im Bereich des Rumpfes wird die Kraft entlang dreier Linien weitergegeben:

- Die Funktionelle Frontallinie
- Die rechte und linke Spirallinie
- Die rechte und linke Laterallinie

Vom Musculus pectoralis major und Musculus rectus abdominis wird die Kraft über die Funktionelle Frontallinie in einer geraden Linie über die Symphyse an den linken Musculus adductor longus weitergegeben, welcher die Aufgabe hat den linken Oberschenkel ein wenig nach vorne zu ziehen um den rechten Arm auszubalancieren. Die rechte Spirallinie wird verkürzt, dreht den Kopf nach rechts, zieht die linke Schulter um den Brustkorb und verkürzt dabei die Entfernung zwischen den linken Rippen und der rechten Hüfte. Die linke Spirallinie wird umgekehrt gedehnt bzw. verlängert – eine kurze Vorspannung vor dem anschließenden kraftvollen Schluss dieser Linie beim Schlag. Die Laterallinie unterstützt die zwei zuvor erwähnten Linien bei ihrer Arbeit. Die linke wird zur Stabilisierung verkürzt und die rechte zur Erhöhung der Reichweite maximal gedehnt und verlängert. Beim Schlag und Durchschwung verkürzen sich die rechte Funktionelle Frontallinie, die rechte Laterallinie und die linke Spirallinie gemeinsam um möglichst viel Kraft in den Schlag und somit auf den Ball zu bringen (Myers, 3. Auflage, 2015, S. 242).

Die beidhändige Rückhand:

Besonders beim Erlernen des Tennissports bringt die Beidhändige Rückhand vielen Spielern durch den Einsatz beider Arme und der damit einhergehenden Erhöhung der Schlagkraft und Kontrolle mehr Vorteile als die einhändige Rückhand (Kovacs M. S., 2012, S. 11).

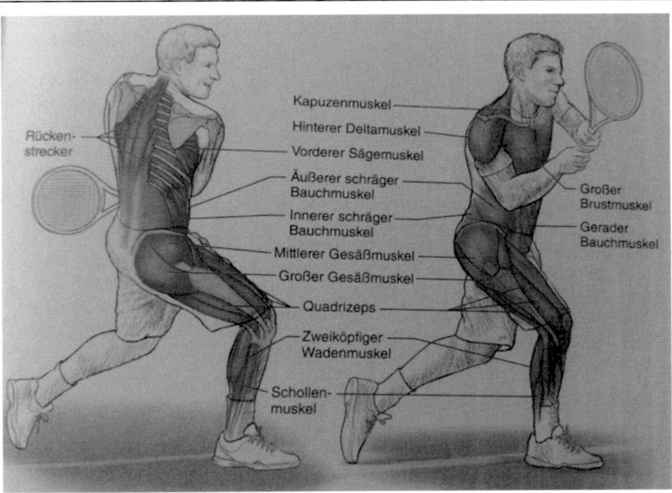

Abbildung 18: Rückhand in der Aushol- und Schlagphase mit beteiligter Muskulatur.

Quelle: Kovacs M.S., 2012, S. 11

5. Myofasziale Verletzungen im Tennissport

In der folgenden Übersicht soll ein Einblick in die Myofaszialen Verletzungen im Tennissport gegeben werden und dieser anhand von Beispielen im Bereich der oberen und unteren Extremitäten vertieft werden. Es muss aber darauf hingewiesen werden, dass es sich nur um kleine Auszüge handelt, da man dieses Thema sehr breit ausweiten könnte.

5.1 Allgemein

Laut Hutschinson und Bylak sind die meisten Tennisverletzungen chronischer Natur und werden durch sich wiederholende Überbeanspruchung ausgelöst. Außerdem werden die spezifischen physischen Bedürfnisse für Tennisspieler – umso höher das Level – immer größer. Die meisten Überlastungen treten im Bereich der Schulter, Arme, Hüften, Rücken, Sprunggelenk, Knie und Rumpf auf (Bylak J., 1998, S. 120).

5.2 Obere Extremitäten

Die auftretenden anatomischen und physikalischen Eigenschaften wie ROM, Lasten und Beschleunigungen welche im Schulterbereich (Glenohumeralgelenk, Sternoclaviculargelenk und Acromioclaviculargelenk) wirken, verdeutlichen die Belastung der Strukturen. Der Arm erfhärt sich immer wieder wiederholende Rotationskräfte, welche durch teilweise extreme Griffe verstärkt werden (Bylak J., 1998, S. 120).

5.2.1 Schultergelenk

Die faszialen Strukturen um das Schultergelenk sind fast ebenso häufig von Schäden und Schmerzen betroffen wie der Bandapparat um das Knie. Das liegt an der speziellen Konstruktion der Schultergelenke. Sie sind umwickelt von recht dicken, kräftigen Bändern, die sich um die Gelenkpfanne winden und Bewegungen der Arme in alle Richtungen ermöglichen. Nach vorne hin verbinden sehr dicke Faszien die Schultermuskulatur mit den Brustmuskeln. Dieses Zugsystem vernetzt Rücken und Arme über die Brust bis hinunter zum Becken (Armlinien aus Kapitel 3.3). Unterforderung sowie Überforderung bei Schlagsportarten oder der Arbeit tragen zu den entstehenden Schulterschmerzen bei. Stoffwechselprobleme wie zum Beispiel bei einer Schilddrüsenstörung verursachen häufig auch Schulterversteifungen. Es wuchern und verfilzen die Faszienanteile wie Gelenkskapsel und Sehnenansätze im Schultergelenk. Was hilft ist ein beweglicher und gut trainerter Schulterbereich. Er ist weniger anfällig für Schmerzen, Verfilzungen und Störungen (Schleip R., 2016, S. 279).

Damit es nicht zu vorhingenannten Störungen der Schulter kommt, werden nachfolgende Übungen nach Ermittlung der individuellen Gewebssituation präventiv empfohlen:

- Rudern an der Bank
- Latziehen
- Latziehen am Seilzug
- Schulterpresse

5.2.2 Arme

Der berühmte Tennisellenbogen oder Ebicondylitis Lateralis ist vorallem im Amateurbereich eine sehr häufige Überlastungserscheinung im Bereich der Arme, sowie auch bei Personen die viel am Computer arbeiten (Schleip R., 2016, S. 270).

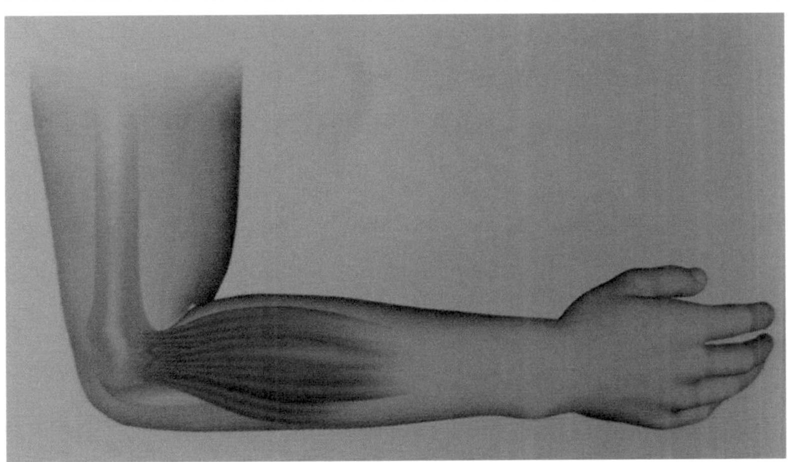

Abbildung 19: Lokalisation des Tennisarms.

Quelle: Schleip R., 2016, S. 270

Ajimsha et. al fanden durch eine Studie heraus, dass Myofasziale Behandlungen bei Epicondylitis gegenüber einer Ultraschalltherapie eine signifikante Verbesserung der Schmerzen hervorrufen. Die myofasziale Therapie wurde 3 mal pro Woche über einen Zeitraum von 4 Wochen durchgeführt, mit einem Pausenminimum von 1 Tag zwischen den Einheiten. Die Einheitenlänge betrug maximal 30 Minuten (Ajimsha M.S., 2012, S. 606).

5.3 Untere Extremitäten

Verletzungen der unteren Extremitäten kommen laut Bylak und Hutchinson doppelt so häufig vor als jene an den oberen Extremitäten. Die Ursache liegt in den explosiven Stop and Go Bewegungen und schnellen seitlichen Läufen, welche die unteren Extremitäten des Körpers in hohen Stress versetzen (Bylak J., 1998, S. 126).

5.3.1 Patellaspitzen- Syndrom

Diese funktionelle Überbelastung wird auch Jumpers Knee oder Ansatztendinose der Patellasehne am distalen Patellapol genannt. Die Beschwerdesymptomatik zeigt sich durch einen isolierten Druckschmerz im Ansatzbereich der Patellasehne an der Patellaspitze. Ursache für die Beschwerden ist die vermehrte Zugbelastung der Patellasehne bei sportbedingter Überlastung. Ein großer Risikofaktor bei Sportlern ist eine verringerte Flexibilität des Musculus Quadrizeps und der ischiocruralen Muskulatur (Grifka J., 2009, S. 54-55).
Um dieser Verkürzung entegegn zu wirken wird das regenerative Rollen der Oberschenkel- sowie Ischiocruralmuskulutar mit der Faszienrolle empfohlen.

5.3.2 Achillessehne und Plantarfaszie

Entzündungen der Plantarfaszie und der Achillessehne sind bei Laufsportarten sehr häufig. Bei extremen Belastungen und besonders nach Vorschädigunen kann die Achillessehne bei Sprintern, Langstreckenläufern und Tennisspielern sogar reißen. Ein exzentrisches Training für die Wadenmuskulatur und ihre Sehnen, zu denen die Achillessehne zählt, ist das Mittel der Wahl, sowohl zur Prävention als auch Behandlung. Dabei geht es nicht darum die Muskeln zu kräftigen sondern die Plantarfaszie und Achillessehne zu dehnen. Neben dem klassischen „Ececentric Heel Drop“, gibt es auch eine einfache Übung um die Plantarfaszie und Achillesehne gleichzeitig zu erreichen. Man stellt sich mit dem betroffenen Fuß so dicht vor eine Wand, dass man die Zehen aufrecht an die Wand stellen kann und gleichzeitig die Ferse am Boden bleibt. Den anderen Fuß stellt man direkt hinter die Ferse um ein Ausweichen nach hinten zu verhindern. Dann geht man mit dem vorderen Bein leicht in die Knie Richtung Wand und dehnt langsam in Unterschenkel und Fuß hinein. Desweiteren kann durch diese Übung die Bildung eines Fersensporns verhindert werden, da sich selbiger durch eine Plantarfaszitis bilden kann (Schleip R., 2016, S. 277-278).

6. Das Training der Faszien als Prävention im Tennissport

Im folgenden Kapitel möchte der Autor das Faszientraining und dessen Bedeutung für die Verletzungsprävention im Tennissport erläutern und auch ein paar Trainingsvorschläge für die Erhaltung der Beweglichkeit oder die Verbesserung der tennisspezifischen Range of Motion unter Berücksichtigung der individuellen Körperkonstitutionen geben.

Aus verschiedenen Beispielen in Kapitel 4 Beziehungsweise 4.4 geht hervor, dass bei den zu ausführenden Bewegungen im Bereich der oberen sowie unteren Extremitäten im Tennis sehr oft konzentrisch gearbeitet wird. Schlussfolgernd kann behauptet werden, dass der exzentrisch arbeitende Teil der Muskulatur im Tennissport oft unzureichend trainiert wird bzw. ist.

Außerdem kann den Kapiteln 4.2 bis 4.4 sehr gut entnommen werden, das alle aus der Trainingslehre bekannten leistungsbezogenen Faktoren in das Fasziennetzwerk einfließen, und dieses bei optimaler Pflege des gesamten Systems der Faszien, einen entscheidenden Faktor bei der Bereitstellung und Durchführung von körperlicher Leistungsfähigkeit darstellen.

6.1 Functional Myofascial Training

Das Functional Myofascial Training ist die Idee eines ganzheitlichen Trainings, welches eine Erweiterung zu bisherigen Therapie- und Trainingsformen bietet. Betrachtet man die Medizin und Therapie auf der einen Seite, so ist die Faszienforschung eine der aktuellsten und spannendsten Themen dieser Branche. Das funktionelle Training ist in der Fitnessbranche auf der Spitze der Nachfrage. Demnach verbindet das FMT diese beiden Interessensgebiet auf eine einzigartige Weise (Buschmann B., 2015, S. 9).

6.2 Eigenschaften des Functional Myofscial Trainings

- Ganzkörperübungen gegebenfalls mit punktuellem Schwerpunkt
- Variable Übungen mit unterschiedlichen Richtungsvektoren und Übungsausführungen, aneinander gereihte Übungen
- Den sogenannten Elastic Recoil nutzen, dynamisch in die optimale Vorspannung bzw. in den Dehnungs- Verkürzungszyklus
- Myofasziale Bewegungsvorbereitung und Myofasziale Bewegungsregeneration
- Koordinative Leistungen schulen mithilfe von sensomotorischem Training
- Myofascial Stretch (spezielle dynamische Dehnungsübungen = funktionelle Bewegungsumfangserweiterung)

- Muskelkettenaktivierung nach Anatomy Trains von Thomas Myers
- Die Durchführung von vielen alltagsnahen motorischen Programmen, um diese ökonomischer und besser ausführen zu könnne.
- Optimale Versorgung von Verletzungen und eingeschränkten Bewegungsmustern; Rückführung in die optimale Bewegung ohne Kompensationsmuster (auch pre- und post- Op).

6.3 Die 4 Prinzipien

1. Myofasziale Bewegungsvorbereitung:

Spezielle dynamische Vorbereitung von anatomischen Strukturen (Achillessehne, Fascia Thoracolumbalis, Fascia Sternalis), sowie möglichst langen myofaszialen Verbindungen.
Das gesamte Gewebe wird neuronal „angebahnt" und strukturell vorbereitet und sozusagen gleitfähiger gemacht. Wippende, federnde, schwingende, fließende, plyometrische und dynamische Bewegungen.

2. Hauptübungen:

Wichtige myofasziale Hauptübungen in motorischen Bewegungsmustern, gegebenfalls mit Ketten- Schwerpunkten.
Beachtung wesentlicher Aspekte, welche die Bewegung „dominant faszial" werden lassen: Der Dehnungs- Verkürzungs- Zyklus, die einleitende Gegenbewegung (erst Aufladung, dann Entladung der kinetischen Energie), Variation statt Wiederholung.

3. Myofasziale Bewegungsregeneration:

Die regenerativen und lockernden Bewegungen innerhalb einer Trainingsbelastung unter Berücksichtigung der viskoelastischen Eigenschaften der Faszie.
Bewegungen im submaximalen Bewegungsumfang ohne enormes Dehnempfinden. Dadurch kann sich das myofasziale Gewebe den neuen Bedingungen besser anpassen und Überlastungen werden vermieden.

4. (Self-) Myofascial Release:

Die Nutzung einer Foam Roll oder anderer Soft- Tissue- Tools kann grundsätzlich vor und nach dem Training angewendet werden. Hierbei sollten jedoch die unterschiedlichen Techniken beachtet werden.

6.4 Ablauf und Dosierung des Trainings

Grundlegend gilt für den Ablauf und die Dosierung natürlich die optimale individuelle Richtlinie bzw. Ausrichtung des Trainings. Ein Anfänger trainiert mit geringerer Satzanzahl, längerer Pause, einem geringerem Trainingsumfang und Trainnigshäufigkeit. Die exakt eingesetzten Pausen variieren ebenfalls anhand dse Trainngsniveaus oder Bindegewebstyps, doch wird eine längere aktive Regeneration während des Trainings benötigt, um die viskoelastischen Eigenschaften der Faszien zu berücksichtigen. Variabel sind die Übungen mit ihren Wiederholungen oder Belastungszeit einzelner Sätze (Time under Tensioin =TUT). Ein Anfänger sollte daher mit weniger Intensität und dafür mit mehr Wiederholungen oder einer kürzeren TUT trainieren (Buschmann B., 2015, S. 11-13).

Die oben angesprochenen verschiedenen Bindegewebstypen werden durch eigene von Schleip und Buschnann entwickelte Tests ermittelt um die jeweilige Bindegewebskonstituion des Sportlers oder Patienten zu erfahren. Alle diese Tests sind praktisch-klinische und wissenschaftliche Tests, Grundlage sind Diagnosekriterien aus der Medizin, darunter der sogenannte Beighton-Score. Auch die Arbeiten des tschechischen Neurologen Vladimier Janda, der sich mit Dysbalancen und Störungen von Muskeln und Bindegewebe beschäftigt hat, fließen ein.

Aus diesen Tests kristalisieren sich folgende 3 Bindegewebstypen heraus:

- Wikinger
- Tänzer/Schlangenmensch
- Crossover Typ

Alle Tests gelten für Männer und Frauen. Beide Geschlechter können sich in allen drei Typen wiederfinden und sollten so unbedingt vor dem Faszientraining feststellen wie sie starten sollten und welche Schwerpunkte gesetzt werden können bzw. müssen (Schleip R., 2016, S. 135).

	Beginner	Fortgeschrittene
Sätze	1-2	2-4
Wiederholungen	15-20	10-15
Pausen	30-60 Sek.	30-60 Sek.
Time under Tension (TUT)	20-35 Sek.	35-60 Sek.
Trainingshäufigkeit	1-2x / Woche	2-4x / Woche
Bewegungsgeschwindigkeit	Langsamer, max. Kontrolle	Schnell bis explosiv
Übungszahl	4-6	6-10

Abbildung 20: Ablauf und Dosierung des Trainings für unterschiedliche Leistungsklassen.

Quelle: Eigene Darstellung in Anlehnung an Buschmann und Krämer Functional Myofascial Trainer München 2015.

Bei der Trainnigssteuerung wird zwischen Wiederholungen und TUT differenziert bzw. ausgewählt. Es wird je nach Übung (mit Gewichten, eigenem Körpergewicht und/oder Schweregrad) und dazugehöriger Intention unterteilt (Buschmann B., 2015, S. 13).

Jede Trainingseinheit besteht somit aus:

- Befund
- Warm Up
- Myofasziale Bewegungsvorbereitung (ggf. mit Foam Roll Activation)
- Hauptübungen (+ Myofasziale Bewegungregeneration)
- Cool Down
- Myofascial Release (Foam Roller / Manuell)
- Myofascial Taping (bei Bedarf)

Es sollte darauf geachtet werden möglichst lange myofasziale Ketten zu aktivieren sowie das dynamische Training und Dehnen in unterschiedlichen Richtungsvektoren mit einer einleitenden Gegenbewegung auszuführen. Außerdem beeinflusst die Ernährung und das chemische Milieu (pH- Wert, Hormonhaushalt, Entzündungen,..) den Tonus und die Aktivität der Myofibroblasten (Buschmann B., 2015, S. 14).

7. Ausblick und Fazit

Ziel der vorliegenden Arbeit war es einen Einblick in die Belastungsspezifität von Tennis auf den Gesamtorganismus der Faszien zu geben. Desweiteren wurde die Bedeutung von Faszientraining in Bezug auf das Tennistraining und die Leistung im Tennisplatz verglichen. Ein weiteres großes Augemerk war es die tennisbedingten funktionellen myofaszialen Dysbalancen die bei der spezifischen Belastung entstehen zu beschreiben und Lösungsvorschläge und Trainingsinterventionen vorzustellen.

Aus präventiver Sicht ist eine Implementierung des Faszientrainings in den Leistungs- sowie Jugendtennissport sehr empfehlenswert. Nicht nur, weil das Fasziennetzwerk wie in Kapitel 4.2 beschrieben einen entscheidenden Faktor bei der Umsetzung und Bereitstellung der sportlichen Leistungskomponenten einnimmt, sondern auch weil gesunde Faszien wie in Kapitel 5 erläutert, großen Anteil daran haben Verletzungen vorzubeugen und die Beweglichkeit zu steigern bzw. zu erhalten. Desweiteren – weißt man auf den tennisspezifischen Faktor hin – ist der Zusammenhang zwischen den sich ständig wiederholenden Bewegungen im Tennissport und der Funktionalität der von Myers beschriebenen myofaszialen Leitbahnen ein außerordentlicher Leistungsträger. Weißen die faszialen Leitbahnen keine bzw. wenige Verklebungen auf und ihre Gleitfähigkeit wird nicht beeinträchtig, verhilft dies dem Sportler bzw. Tennisspieler zu flüssigeren und dadurch auch mit weniger Kraftaufwand durchgeführten Bewegungen bzw. Schlägen.

Beobachtet man die Tennisszene auf der ATP bzw. WTA Tour und redet man mit Physiotherapeuten in diesem Bereich, bemerkt man die stätige Zunahme des Faszientrainings und den immer höheren Stellenwert dieser Trainings- bzw. Therapieform, während der Turniere sowie auch in der Vorbereitungsphase über die Wintermonate. Aufgrund der in dieser Arbeit dargestllten Sachverhalte, wird das Faszientraining sowie die Faszientheraphie zukünftig im Tennissport nicht mehr wegzudenken sein.

8 Literaturverzeichnis

Ajimsha M. S., Chitra S., Thulasyammal R. P., (31. April 2012). Effectiveness of Myofascial Release in the Management of Lateral Epicondylitis in Computer Professionals. *Archives of Physical Medicine and Rehabilitation*, S. 604-609.

Brinkmann K., Napolski N. (2016). *Ischiasbeschwerden und das Piriformis-Syndrom - Einfache und effektive Techniken gegen Gesäß-, Bein- und Rückenschmerzen.* München: Riva Verlag.

Buschmann B., Krämer D. (2015). Functional Myofascial Trainer. *Functional Myofascial Trainer in Zusammenarbeit mit TYMGYM* (S. 3- 61). München: Perform Better Europe.

Bylak J., Hutschinson M. (26. August 1998). Common Sports Injuries in Young Tennis Players. *SportsMed*, S. 119-132.

Ferrauti A., Maier P., Weber K., (2014). *Handbuch für Tennistraining - Leistung-Athletik-Gesundheit.* Aachen: Meyer & Meyer Verlag.

Grifka J., Dullien S. (2009). *Knie und Sport - Empfehlungen von Sportarten aus orthopädischer und sportwissenschaftlicher Sicht.* Köln: Deutscher Ärzte-Verlag.

Hagan Cindy C., et al. (December 2015). Neurodevelopment and ages of onset in depressive disorders. *The Lancet Psychiatry.*

Healey K. C., Hatfield D. L., Blanpied P., Dorfman L. R., Riebe D., (28. Januar 2014). The effects of myofascial release with foam rolling on performance. *The Journal of Strength & Conditioning Research*, S. 61-68.

Huijing P. A., Schleip R., (2014). *Lehrbuch Faszien.* München: Elsevier GmbH.

Jerosch J., Heisel J., (2009). *Hüfte und Sport - Empfehlungen von Sportarten aus orthopädisch-unfallchirurgischer und sportwissenschaftlicher Sicht.* Köln: Deutscher Ärzte-Verlag.

Kovacs M. S., Roetert E. P., (2012). *Tennis Anatomie - Der vollständig illustrierte Ratgeber für mehr Kraft, Ausdauer, Schnelligkeit und Beweglichkeit im Tennis.* München: Stiebner Verlag.

Kühne, C. A. (2003). Verletzungen im Tennissport – Ätiologie und Verletzungsmechanismen. *Schweizerische Zeitschrift für «Sportmedizin und Sporttraumatologie»*, 94-99.

Markworth, P. (2010). *Sportmedizin - Physiologische Grundlagen.* Hamburg: Rowohlt Taschenbuch Verlag.

Myers, T. W. (3. Auflage, 2015). *Anatomy Trains - Myofasziale Leitbahnen für Manual- und Bewegungstherapeuten.* München: Elsevier GmbH.

Rosenbaum S. et al. (15. December 2015). Physical activity in the treatment of Post-traumatic stress disorder: A systematic review and meta-analysis. *Elsevier Ireland Ltd.*, S. 130-136.

Scherer C., Mastalerz S. (2016). *Tennisdrills - Trainingsformen für alle Leistungsstufen.* Aachen: Meyer & Meyer Verlag.

Schleip R., Buschmann B., (2016). *Faszienkrafttraining - Optimal Muskeln aufbauen, die Figur definieren und Verletzungen vorbeugen - das neue Gerätetraining nach dem Panther-Prinzip.* München: Riva Verlag.

Schleip R., Findley T. W., Chaitow L., Huijing P. A. (Hrsg.), (2014). *Lehrbuch Faszien* (Bd. 1. Auflage). München: Elsevier GmbH.

Schleip, R. (2015). *Faszien in Sport und Alltag.* München: Riva Verlag.

Schwind P., (2009). *Faszien- und Membrantechnik: Handbuch für die Praxis.* München: Urban & Fischer Verlag/Elsevier GmbH.

Thomas M., Busse M., (2001). Verletzungen und Fehlbelastungsfolgen beim Tennis. *Klinische Sportmedizin/Clinical Sports-Medicine-Germany (KCS)*, 73-78.

Valderrabano V., Engelhardt M., Küster H.- H., (2009). *Fuß & Sprunggelenk und Sport - Empfehlungen von Sportarten aus orthopädischer und sportmedizinischer Sicht.* Köln: Deutscher Ärzte-Verlag.

Van den Berg, F. (2005). *Angewandte Physiologie. Band 2 - Organsysteme verstehen.* Stuttgart: Thieme.

Van den Berg, F. (2005a). *Angewandthe Physiologie Band 5 - Komplementäre Therapien verstehen und integrieren.* Stuttgart: Thieme.

Van den Berg, F. (2011). *Angewandte Physiologie. Band 1 - Das Bindegewebe des Bewegungsapparates verstehen und beeinflussen.* Stuttgart: Thieme.

Weineck, J. (2014). *Optimales Training - Leistungsphysiologische Trainingslehre unter besonderer Berücksichtigung des Kinder- und Jugendtrainings.* Balingen: Spitta Verlag.

Wiemann, K. (2000). *Muskelkrafttraining.* Kiel.